Ulrich von Senftenberg
Das moderne Weltbild

ISBN 978-3-89801-318-5

Produktion: Rhein-Mosel-Verlag
56859 Alf/Mosel, Bad Bertricher Str. 12
Druck: dd ag, Birkach

Ulrich von Senftenberg

Das moderne Weltbild

oder der Irrtum der Naturwissenschaften

Der Autor befasst sich seit Jahren mit der an den Lehrinstituten vermittelten Weltauffassung sowie mit der Urknalltheorie und der Altersbestimmung der Menschheit. Sein Fazit: Das moderne wissenschaftliche Weltbild ist unhaltbar!

Sein Buch zieht einen Vergleich zwischen dem derzeit anerkannten, aber falschen Weltbild und den tatsächlichen Gegebenheiten. Dabei untermauert er seine Argumentation mit physikalischen und mathematischen Fakten, die er in allgemein verständlicher Form darbietet.

Kosmische Ereignisse in der Frühphase der Menschheit haben Weltenumstürze verursacht, die ein Umdenken hinsichtlich der Erdgeschichte und des Alters der Menschheit erfordern. Diese historischen Befunde verdeutlichen zusammen mit den wellen- und zahlentheoretischen Ausführungen, in welcher Beziehung der Mensch zur Materie und deren »Urgrund« steht – eine alles Sein durchwirkende, Bewusstsein tragende Macht: Gott.

Inhalt

Einleitung

Wer Gott aufgibt, der löscht die Sonne aus,
um mit einer Laterne weiterzuwandeln.

Christian Morgenstern (1871–1914)[1]

Wenn wir heute vom »modernen Weltbild« sprechen, so meinen wir damit eine vordringlich naturwissenschaftlich geprägte Weltauffassung, in der die Idee einer göttlichen Schöpfungsordnung methodisch ausgeschlossen wurde. Naturwissenschaften erforschen – mathematisch fundiert – die belebte und unbelebte Natur, d.h. Materie, Leben, Mensch, Erde, Weltall. Ihr Rationalismus hat sich seit dem Zeitalter der Aufklärung (17./18. Jahrhundert) als vorherrschendes Weltbild und Modell der Welterkenntnis durchgesetzt.

Dabei verwendet man den Begriff »Weltbild« nicht nur für kosmologische Vorstellungen vom Aufbau des Sonnensystems oder des Universums (ptolemäisches/kopernikanisches Weltbild, Standardmodell etc.), sondern definiert ihn allgemein als »die im Zusammenhang geordnete Summe des anschaulichen [d.h. durch Anschauung erwerbbaren] Wissens von der Welt.«[2] Welches Wissen aber erwerbbar ist, hängt vom gewählten ›Wissenschaftsmodus‹ ab. Universalwissenschaft und -gelehrtentum sind in einer Zeit exponentiell ansteigenden Wissens nicht mehr möglich. Die Ganzheit der Welt zerfällt in Gegenstandsbereiche, die von auf sie spezialisierten Wissenschaften ergründet werden, welche sich wiederum in Teildisziplinen aufspalten. Das naturwissenschaftliche Weltbild basiert also *per definitionem* auf einer beschränkten Sichtweise – beschränkt deshalb, weil die Physiker, Biologen etc. nur im fachspezifischen Rahmen und mit den zugelassenen Methoden Aussagen über die Wirklichkeit treffen können, ja *ihre* Wirklichkeit überhaupt erst konstituieren.[3] Jeder Wissenschaftler sieht die Realität durch seine erkenntnistheoretische Brille und

---

[1] Morgenstern 1987, S. 311.

[2] Schmidt 1991, S. 773, in Abgrenzung zur lebens- und handlungsorientierten »Welt*anschauung*«, welche die universalen religiösen/metaphysischen Sinnfragen und Werte sowie die Stellung des Menschen im Weltganzen umfasst.

[3] Die Metapher »Bild« legt bereits diese Begrenztheit nahe: Ein Bild (Gemälde, Foto, Kinoleinwand, Fernsehschirm etc.) besitzt stets einen Rand/Rahmen, der das Ausschnitthafte des Abgebildeten betont und es von der Wirklichkeit trennt.

kann nur das messen und beweisen, was sich mit der jeweiligen Methodik messen und beweisen lässt. Um ein bestimmtes Phänomen wissenschaftlich erklären zu können, bildet er zunächst eine Hypothese, die präzise formuliert, kausal, nachprüfbar und damit widerlegbar sein muss; anschließend operationalisiert er diese, d. h. er überprüft ihre Richtigkeit in systematischen Experimenten, deren Ergebnisse aussagekräftig und wiederholbar sein müssen.[4] Die methodologische Beschränkung auf rational und empirisch erfassbare Sachverhalte schließt übernatürliche, d. h. jenseits der Naturgesetze, der Messbarkeit und damit der Überprüfbarkeit liegende Faktoren/Erklärungsmöglichkeiten wie Gott kategorisch aus. Das naturwissenschaftliche Weltbild ist also von einem methodologischen Atheismus geprägt – was nicht bedeutet, dass ein Naturwissenschaftler Atheist sein muss oder dass außerhalb empirischwissenschaftlicher Beschreibbarkeit definitiv nichts existiert. So kann der Physiker und Kosmologe Stephen Hawking (*1942) in »Das Universum in der Nußschale« (2001) es ablehnen, die Frage nach dem Anfang des Universums der Metaphysik oder der Religion zu überlassen – »*Wir müssen uns bemühen, den Anfang des Universums mit den Mitteln der Naturwissenschaften zu begreifen*«[5] –, in »Die kürzeste Geschichte der Zeit« (2005) aber davon träumen, mit Hilfe einer vollständigen Theorie die Antwort auf die Frage zu finden,

> warum es uns und das Universum gibt. Wenn wir die Antwort auf diese Frage fänden, wäre das der endgültige Triumph der menschlichen Vernunft – denn dann würden wir *Gottes Plan* kennen.[6]

Zum Problem wird ein methodologischer Atheismus, wenn er zum Dogma, zur Ideologie erhoben wird und in ein reduktionistisch-materialistisches Weltbild mündet, das ausschließlich die Naturwissenschaften als Mittel zur Erlangung von Wissen akzep-

---

[4] Abschließend muss der Wissenschaftler die Ergebnisse und Schlussfolgerungen veröffentlichen und sich dem Urteil seiner Fachkollegen stellen *(peer review)*. Erst wenn sie diese ›Qualitätskontrolle‹ durchlaufen hat, ist seine Forschungsarbeit diskurs- und zitierfähig. Bewährt sich seine Hypothese immer wieder, so kann sie zur Theorie oder gar zum Naturgesetz werden.

[5] Hawking 2001, S. 87 [kursiv im Original].

[6] Hawking / Mlodinow 2005, S. 167 [Hervorhebung von mir, U. v. S.].

tiert (Szientizismus) – getreu der Maxime: Was wir nicht messen können, gibt es nicht! Die Verfechter dieser wissenschaftlichen ›Ersatzreligion‹ sind mitunter nicht minder radikal, rechthaberisch, undifferenziert und intolerant als die religiösen Fanatiker, die sie kritisieren. Der Zoologe und Ultra-Darwinist Richard Dawkins (* 1941) bezeichnet in seiner atheistischen Kampfschrift »The God Delusion« (2006) jeden gottgläubigen Menschen als prinzipiell verrückt und gefährlich und fordert, dass Naturwissenschaftler grundsätzlich Atheisten sein müssen. Der Paläontologe Reinhold Leinfelder (* 1957), Generaldirektor des Berliner Museums für Naturkunde, relativiert diese »atheistische Einstellung als Imperativ der Wissenschaft«:

> Dawkins kann diese Meinung gerne haben, aber es ist eine Glaubensaussage, keine zwingende Folgerung aus der Evolutionsbiologie. Wissenschaft muss sich darauf begrenzen, was sie analysieren kann, sie darf darüber nicht hinausgehen. Es spricht nichts dagegen, dass ein Naturwissenschaftler den Atheismus zu seinem Glauben erhebt, aber umgekehrt kann ein Evolutionsbiologe in seine Weltsicht auch Religiosität integrieren, solange er nicht die Erkenntnisse seiner Disziplin leugnet. Das sind einfach zwei verschiedene Ebenen. Dawkins kann also nicht für sich reklamieren, im Namen der Wissenschaft zu sprechen.[7]

Nicht von ungefähr bezeichnet Leinfelder Atheismus als Glaube. Die atheistische Weltsicht besitzt in der Tat eine Affinität zur Religion: Der Urknall fungiert als atheistische Genesis, der Atheisten-Gott heißt Zufall (bzw. Mutation, natürliche Auslese etc.), seine Heilige Schrift ist »Über die Entstehung der Arten ...« (1859) von Charles Darwin (1809–1882). Da passt es nicht schlecht, dass Dawkins sein Werk im Oktober 2006 ausgerechnet in einer Kirche vorgestellt hat – in der First Paris Church im amerikanischen Cambridge. Der »Spiegel« schrieb: »Hier predigt einer, der den Leuten den Glauben austreiben will.«[8] Der »Deutschlandfunk« charakterisierte das Buch treffend als »Glaubensbekenntnis für

---

[7] Reinhold Leinfelder in Schwägerl 2006, S. 40.
[8] Blech 2006, S. 188 [Hervorhebung von mir, U. v. S.]. Der Autor nennt Dawkins Lesereise auch »Wanderpredigt« (S. 190).

Atheisten«[9], ein Buch, in dem der Autor mit nachgerade missionarischem Eifer zur Abkehr von Gott aufruft.

Die polemischen Ausführungen Dawkins und anderer Autoren sind nicht zuletzt eine Reaktion auf den religiös motivierten Terror islamischer Fundamentalisten und den auch aus religiösem Sendungsbewusstsein heraus geführten und als gerechtfertigt angesehenen Krieg der USA gegen den Terror bzw. den Irak, grundsätzlich eine Antwort auf die von der Bush-Administration und von neokonservativen Kreisen betriebene Aufhebung der Trennung von Kirche und Staat, wozu auch die gerade in den USA betriebene ›Verwissenschaftlichung‹ des Schöpfungsglaubens gehört – »Intelligent Design« (ID), eine Art ›Theo-Biologie‹, welche die christliche Schöpfungsvorstellung als Alternative zur Evolutionslehre in den Unterricht der zur Glaubensneutralität verpflichteten staatlichen Schulen schmuggeln will. Die auch von juristischer Seite als Pseudowissenschaft eingestufte ID-Theorie splittet gewissermaßen die Evolution in die göttliche Makro-›Evolution‹, d. h. die Schöpfung, und die natürlich verlaufene Mikro-Evolution, welche die Schöpfung/Grundtypen variiert und die Artenvielfalt erzeugt hat. Vor allem gegen diese Vermischung von Wissenschaft und Glauben laufen Naturwissenschaftler in aller Welt Sturm. Der Evolutionsbiologe Ulrich Kutschera (* 1955) beispielsweise spricht von einer Perversion der Wissenschaft. Auf Kutscheras Betreiben wurde im Jahr 2003 die Instituts-Website von Wolf-Ekkehard Lönnig (* 1943), Genetiker am Kölner Max-Planck-Institut für Züchtungsforschung (MPIZ), gesperrt – Lönnig hatte auf ihr offiziell die ID-Theorie befürwortet. In der darauf folgenden, nicht immer sachlich geführten Auseinandersetzung trafen vor allem zwei unterschiedliche Erkenntnistheorien aufeinander, Naturalismus vs. ontologischer Idealismus, – sowie unvereinbare Glaubensvorstellungen: Kutschera ist (nach eigenem Bekunden) ein überzeugter Atheist, Lönnig ein gläubiger Christ. Beide warfen sich, unterstützt von den jeweils mit ihnen assoziierten Wissenschaftlern, religiös motivierte Missionstätigkeit, Obskurantismus und Kaffesatzleserei (Kutschera et al.) bzw. evolutionistischen Dogmatismus, Demagogie und

---

[9] Im Radio-Feature »The God Delusion – Glaubensbekenntnis für Atheisten« von Michael Lange, das im Rahmen der Sendereihe »Wissenschaft im Brennpunkt« am 10. Dezember 2006, 16.30 Uhr, ausgestrahlt wurde.

Bücherverbrennungsmentalität (Lönnig et al.) vor. Dies zeigt, wie emotional auch hierzulande die Debatte zwischen Evolutions- und ID-Anhängern geführt wird.

Bei den Naturwissenschaftlern hat Gott also Hausverbot. Schöpfung ist ein religiöser Mythos, lediglich ideengeschichtlich interessant. Für den bereits erwähnten Leinfelder war »[d]ie Schöpfungsgeschichte [...] der Versuch, aus einem polytheistischen Umfeld herauszutreten und nicht länger jedem Naturphänomen eine Gottheit zuzuordnen.«[10] Selbst die Religionswissenschaft lässt sich vordringlich von (geistes) geschichtlichen, ethnologischen, psychologischen oder soziologischen Fragestellungen leiten, unter denen vor allem die Funktion von Religion untersucht werden soll – die Wahrheit der Glaubensinhalte steht hier nicht zur Disposition. Religion, sei es Natur-, Hoch- oder Weltreligion, wird als in vorwissenschaftlicher Zeit entstandenes, transzendentes Welterklärungssystem begriffen, mit dessen Hilfe der seiner selbst bewusste Mensch den Hunger nach Sinn stillen wollte – und will, denn die Naturwissenschaft kann zwar das Wissen über eine zufällig entstandene, technisierte, zweckrationale Welt vermehren, die metaphysischen Fragen »woher«, »wohin« und »warum« aber nicht oder nur unbefriedigend beantworten. Religion hat hier die Funktion eines Sinngebers, der den Unwägbarkeiten des Lebens eine Regelhaftigkeit zuschreibt, den Menschen im Kosmos positioniert, seiner Existenz einen bedeutungsstiftenden Rahmen verleiht, Fixpunkte des irdischen Seins setzt (z. B. Schöpfung/Anfang und Weltgericht/Ende) und ein Leben nach dem physischen Tod in Aussicht stellt. Der Wissenschaftsjournalist Stefan Klein (* 1965) fasst in seinem Buch »Alles Zufall« (2004) zusammen:

> Man kann Religionen als eine Frucht dieser Sehnsucht nach Sinn ansehen. Wie der amerikanische Mathematiker John Allen Paulos angemerkt hat, übersetzen sämtliche Weltreligionen mit Ausnahme des Buddhismus den unpersönlichen Lauf der Welt in eine dramatische Erzählung. Naturgesetze, Zufälle und die Komplexität menschlichen Verhaltens treten in der Erklärung zurück zugunsten eines Gottes oder mehrerer Gottheiten, die bestimmte Ziele verfolgen. So erhalten selbst

[10] Ebd.

> die unverständlichsten Vorkommnisse im Leben jedes Menschen ihre Bedeutung in einem höheren Plan.[11]

Bezogen auf die menschliche Gemeinschaft bestand/besteht die Funktion von Religion vor allem in der Festigung sozialer Strukturen unter einer Zentrum und Basis der jeweiligen Kultur bildenden Seinsordnung, die für alle verbindliche Verhaltensregeln und ein ethisches Wertesystem bereitstellt. Diese Normen werden nicht als von (fehlbaren) Menschen kommend, sondern als von einer höheren, überirdischen und mitunter strafenden Macht ersonnen angesehen, der man sich unterordnet. So wird ein relativ friedvolles Zusammenleben der Mitglieder, die sich unter dem jeweiligen Glaubensdach zusammengefunden haben, ermöglicht.

Das Gros der Religionen glaubt an eine überweltliche Autorität, die das Leben erschaffen hat, an einen Schöpfergott. Für den Hirnforscher Gerald Hüther (* 1951) ist in »Die Macht der inneren Bilder« (2004) der Schöpfergeist (er vermeidet den Begriff Gott) nur eine zeitweilig zweckdienliche Vorstellung des im Laufe der Evolution entstandenen »Bilder generierenden Apparates«[12] – des Gehirns.

> Von diesem übergeordneten, alles Sein und Werden beschreibenden Bild wurden alle weiteren Vorstellungen über die beobachtbaren Phänomene und die hinter diesen Phänomenen wirkenden Kräfte abgeleitet. Es wirkte als zentrale, Orientierung bietende, Ordnung stiftende Matrix, als Matrix, die das Denken, Fühlen und Handeln der Menschen lenkte und an der sie alle anderen Bilder von der Welt und von sich selbst ausrichteten. Sie nutzten diese Matrix, um ihr individuelles und gemeinschaftliches Leben zu organisieren, um sich selbst und ihr Gemeinwesen zu strukturieren. Dieses zentrale Bild lieferte ihnen auch die Richtschnur, mit deren Hilfe sie die Möglichkeiten – aber auch die Grenzen – ihrer Bemühungen zur Gestaltung ihrer eigenen Lebenswelt ausloteten.
> Jahrtausendelang wurde dieses Bild einer vom Schöpfergeist geschaffenen und aufrechterhaltenen natürlichen Ordnung von Generation zu Generation weitergegeben […]: Es war ihre wichtigste Ressource zur Überwindung von Verunsicherung und Angst. Und je besser es einer Gemeinschaft gelang, diese Ressource zu nutzen und zu festigen, desto angstfreier und zuversichtlicher konnten sich die Mitglieder dieser Gemeinschaft allen Bedrohungen entgegenstellen, desto mutiger und

[11] Klein 2004, S. 234f.
[12] Hüther 2004, S. 36.

unbekümmerter waren sie in der Lage, nach neuen kreativen Lösungen für immer neue Herausforderungen zu suchen.
Nachdem die Menschen erst einmal entdeckt hatten, dass sie selbst imstande waren, die Welt nach ihren Vorstellungen zu verändern und zu gestalten, war es nur noch eine Frage der Zeit, bis das alte Bild einer vom Schöpfergeist geschaffenen und getragenen Weltordnung durch ein neues ersetzt wurde, in dem sie selbst als Entdecker und Gestalter der Welt erschienen.[13]

Genetiker und Neurowissenschaftler führen religiöse bzw. spirituelle Erlebnisse auf eine genetische Disposition zurück (›Gottes-Gen‹ VMAT2), auf ein Erregungsmuster in einem bestimmten Hirnareal (der Schläfenlappen des Großhirns). Doch die Frage, warum Menschen religiös sind, an Gott glauben, darf nicht verwechselt werden mit der Frage, ob Gott existiert. Dies räumt sogar der Entdecker des Gottes-Gens, der Verhaltensgenetiker Dean Hamer (* 1951), ein:

> Wie Gedanken und Emotionen im Gehirn gebildet werden, ist etwas, was die Wissenschaft untersuchen kann. Ob die Überzeugungen wahr oder falsch sind, nicht. Spiritualität ist letztlich eine Frage des Glaubens – nicht der Genetik.[14]

---

[13] Ebd., S. 37f.

[14] Dean Hamer zit. in. Vaas 2005, S. 43. Am Rande sei hier auch die durch die Neurowissenschaften neu entbrannte Debatte um die Willensfreiheit erwähnt – jahrhundertelang hat sich die Philosophie spekulativ mit dieser Frage beschäftigt, nun wartet die Hirnforschung mit Laborexperimenten und empirischen Messungen auf. Hirnforscher wie Wolf Singer (* 1943) und Gerhard Roth (* 1942) postulieren die prinzipielle Determiniertheit des Menschen, der als ›Bioautomat‹ lediglich ein Sklave seiner Neurone sei. In den Basalganglien, dem unbewussten Handlungsgedächtnis, einem neurobiologischen Äquivalent zu Freuds Unbewusstem, würden die Entscheidungen unabhängig vom Bewusstsein/Ich getroffen, diesem aber als eigene, freie Entscheidung ›verkauft‹. Der freie Wille sei nur eine Illusion, das rationale Bewusstsein lediglich ein geduldeter Hausdiener. Wäre dies der Fall, würde dadurch nicht nur das Strafrecht *ad absurdum* geführt – Schuldspruch und Strafmaß sind von Faktoren wie Vorsatz und Schuldfähigkeit abhängig –, vielmehr würden auch alle religiösen Vorstellungen vom Jüngsten Gericht, in dem jeder gemäß seinen Taten gerichtet wird, in sich zusammenfallen. Ein solches Gericht ist nur vor dem Hintergrund der freien Entscheidung (für oder gegen Gott und seine Gesetze) sinnvoll. Unter neuronalem Gesichtspunkt hätte Eva nicht anders handeln können, als den Apfel zu nehmen, und konnte Hiob nur loyal und gottesfürchtig bleiben. Diese starke Form der Determiniertheit wird von Kollegen wie dem Psychiater und Hirnforscher Manfred Spitzer (* 1958) jedoch bestritten.

Die methodologische Beschränkung einer Wissenschaft auf die Erforschung der *sozialen Funktion* von Religion bzw. der *genetischen Disposition* von Religiosität[15] darf nicht dazu führen, Religion und Religiosität grundsätzlich und ausschließlich auf die Funktion/die genetische Disposition zu reduzieren – mit anderen Worten den transzendentalen Kern, Gott, als Einbildung etc. abzutun. Ob es einen Gott gibt oder nicht, ist unter diesen Gesichtspunkten gar nicht auszumachen. Die ›Betriebsblindheit‹ der Wissenschaft darf nicht zur allgemeingültigen und für alle verbindlichen Sichtweise erklärt werden.

Einmal mehr: Die jeweilige wissenschaftliche Disziplin kann nur das beweisen/widerlegen, was sich mit ihren Methoden beweisen/ widerlegen lässt. Dies gilt auch für die Neurologie. Helmut A. Müller (* 1949), Pfarrer und Leiter am Stuttgarter Hospitalhof des Evangelischen Bildungswerks, formuliert, man müsse,

> wenn man Gott im Gehirn sucht, zuerst fragen, welchen Gott man mit welchen Versuchsanordnungen im Gehirn zu finden gedenkt. Wenn die Versuchsanordnung so konstruiert ist, dass die Neuronen zu feuern beginnen, wenn von Gott die Rede ist oder wenn Menschen religiöse oder spirituelle Erfahrungen machen, dann hat man im Gehirn gefunden, dass spirituelle und religiöse Erfahrungen bestimmte Zentren im Gehirn zum Feuern bringen. Gott hat man damit noch nicht gefunden und über die Existenz oder Nichtexistenz Gottes noch nichts gesagt. […] [D]ie Frage nach Gott bleibt und geht über das Weltbild der Neurowissenschaften hinaus.[16]

Die Naturwissenschaftler haben Gott methodisch aus ihrer Welt verbannt. Mir scheint, sie haben damit – wie in dem vorangestellten Aphorismus von Morgenstern – das Sonnenlicht gegen eine Laterne eingetauscht. Sie sehen nur das kurze Wegstück, dass sie mit dem Lampenschein ihrer empirischen Verfahren illuminieren. Sie reduzieren die Komplexität der Welt auf prüfbare Modelle, sie

---

[15] Hier gilt es, die Begriffe »Religion« und »Religiosität« zu unterscheiden: Religion ist eine gesellschaftliche, d. h. überindividuelle Struktur/Institution (äußerlich), Religiosität ein subjektiv-individueller Akt (innerlich).

[16] Helmut Müller zit. in. Vaas 2005, S. 37.

analysieren, d. h. zergliedern, die Wirklichkeit in ihren Teildisziplinen und verlieren das Ganze aus dem Blick. Sie begnügen sich mit Oberflächen und ignorieren/scheuen die Tiefe, den Wesensgrund aller Dinge. Dass naturwissenschaftliches Erkenntnisstreben nicht ausreicht, die Geheimnisse des Lebens zu erklären, dass es Hinweise auf ein kosmisches Bewusstsein – Gott – gibt, will ich in diesem Buch darzulegen versuchen. Dabei werde ich mich auf die Gedanken zahlreicher wissenschaftlicher Grenzgänger und Außenseiter stützen: Immanuel Velikovsky, Masaru Emoto, Peter Plichta u. a., die auch abseits der breit ausgetretenen Pfade ihrer Fachgebiete nach Antworten suchen.

Das vorliegende Buch gliedert sich in drei Abschnitte:

- Im ersten, eher historischen Teil (Kapitel 2 bis 4) wollen wir zunächst einen chronologischen Überblick über die wissenschaftlichen Weltbilder bieten, dabei die kurze Halbwertzeit der meisten früheren Ansichten ausstellen und dafür sensibilisieren, dass die heutigen ›unumstößlichen‹ Gewissheiten bezüglich der Entwicklung des Universums und des Menschen morgen womöglich ebenfalls nur noch belächelt werden. Vor diesem Hintergrund beschäftigen wir uns mit den ›Erkenntnissen‹ der Kosmologie, vor allem mit der Urknalltheorie und dem Alter unseres Sonnensystems, sowie mit der Evolution des Menschen.
- Im zweiten, eher physikalisch-mathematischen Teil (Kapitel 5 bis 7) vollführen wir einen Perspektivwechsel und wenden uns von einer makro- zu einer mikroskopischen Betrachtungsweise. Beziehung und Zusammenhalt der Materieteilchen sollen mit Hilfe wellentheoretischer und mathematischer Gesetzmäßigkeiten erhellt und Phänomene wie die Gedächtnisfähigkeit des (Microcluster-) Wassers u. ä. erklärt werden. Die Ausführungen werden ferner deutlich machen, dass im Bereich Mathematik/Physik Korrekturen erforderlich sind, und zwar bezüglich der Primzahlordnung, der Längeneinheit Meter, damit des Centimeter-Gramm-Sekunde-Systems (= CGS-System) sowie der festgelegten Lichtgeschwindigkeit.
- Im dritten, resümierenden Teil (Kapitel 8 bis Schluss) wollen wir versuchen, die Befunde zu bündeln, und der Frage nachgehen, ob sich diese Gesetzmäßigkeiten zufällig entwickelt

haben oder ob den kleinsten Materiebausteinen nicht eine Bewusstsein tragende Kraft innewohnt, die für die Entwicklung des Universums und unserer Erde verantwortlich ist.

Ziel dieser Arbeit ist es nicht, die dargelegten Sachverhalte erschöpfend darzustellen, d.h. alle relevanten Forschungsergebnisse und Lehrmeinungen aufzulisten – das würde den Rahmen dieses kleinen Buchs sprengen, der Übersichtlichkeit und allgemeinen Verständlichkeit entgegenwirken. Mein Anliegen ist vielmehr, die strikte Wissenschaftsgläubigkeit unserer Tage anhand ausgewählter Beispiele zu hinterfragen, dem Leser einige Denkanstöße zu geben und ihn zu eigenen Nachforschungen anzuregen.

Wie recht doch der gute Isaac Asimov (1920–1992) hatte, als er über die »Wege und Irrwege der Naturwissenschaften« (1964) schrieb: Wissenschaft ist eine Schöpfung des Menschen, keine Offenbarung, die ewige Wahrheiten bieten kann. Sie wird von Menschen betrieben, und Menschen machen Fehler. Haben wir dies erst einmal akzeptiert,

> wird eine zusammenbrechende Theorie nicht mehr der traurige Rest eines zerbrochenen »Heute« sein, sondern der Künder eines neuen und helleren »Morgen«.[17]

Vielleicht wird eines fernen strahlenden Morgens wissenschaftliche Erkenntnis und religiöse Überzeugung ein und dasselbe sein. Wie der Physiker und Nobelpreisträger Werner Heisenberg (1901–1976) bereits treffend erkannte: »Der erste Schluck aus dem Becher der Naturwissenschaften macht atheistisch, doch auf dem Grund des Bechers wartet Gott.«

---

[17] Asimov 1969, S. 12.

2. Das bestehende Weltbild

Seit Urzeiten stellen die Menschen dieselben existenziellen Fragen: »Wo kommen wir her und wie ist unser Universum entstanden?« Viele Naturwissenschaftler haben sich darüber den Kopf zerbrochen und Theorien aufgestellt, die sie wieder verworfen oder die sich im Laufe der Zeit als falsch erwiesen haben. Ein Beispiel: Noch im 15. Jahrhundert, als Christoph Kolumbus (1451–1506) Amerika entdeckte, glaubte man, die Erde sei eine Scheibe. Es war auch die offizielle Auffassung der Kirche. Kolumbus' 100-köpfige Besatzung, obwohl alles tapfere Seeleute, befürchtete, ihre Schiffe – Santa Maria, Pinta und Niña – könnten, wenn sie sich zu weit aufs Meer wagten, von dieser Scheibe herunterfallen und somit unrettbar verloren sein.

Die Erde wurde als von Sonne, Mond und Sternen umkreister Mittelpunkt der Welt angesehen (= geozentrisches Weltbild). Erst als das heliozentrische Weltbild Einzug zu halten begann, erfolgte allmählich ein Umdenken in den Kreisen der Naturwissenschaftler: Man erkannte, dass die Sonne das Zentralgestirn ist, um das sich die Erde als Planet bewegt. In Geschichtsbüchern und anderen Nachschlagewerken[18] ist die Entstehung des heliozentrischen Weltbildes bereits kompakt dargestellt, deshalb sei dieser Prozess hier auch nur kurz skizziert. Anzumerken bleibt, dass bereits in der Antike der griechische Astronom Aristarch (ca. 310–230 vor unserer Zeitrechnung, kurz v. u. Z.) die Sonne als Zentralgestirn ansah.

Unter den Physikern und Astronomen, welche zur Durchsetzung dieser neuen planetarischen Vorstellung beitrugen, nimmt Nikolaus Kopernikus (1473–1543) eine herausragende Stellung ein. Er stammte aus der Stadt Thorn und war Kanonikus der Kathedrale zu Frauenburg. Trotz seines Kirchenamtes und der theologischen Ausbildung war er mit dem Weltbild der Kirche nicht einverstanden und besaß die Kühnheit, die Theorie von der Sonne als Mittelpunkt der Welt aufzustellen. Damit zog er sich die Feindschaft seiner Kirche zu und wurde aufs Ärgste verfolgt.

---

[18] Z. B. Heinrich Hemme: *Die Relativitätstheorie. Einstein – relativ einfach* (1999) und Banesh Hoffmann: *Einsteins Ideen. Das Relativitätsprinzip und seine historischen Wurzeln* (1983).

Als dann der Astronom Johannes Kepler (1571–1630) zu den Planetengesetzen fand – aufgrund der genauen Aufzeichnungen, die sein ›Vorgänger‹ Tycho Brahe (1546–1601) in jahrelanger Arbeit von verschiedenen Planeten, besonders vom Mars, gemacht hatte –, stand fest, dass Kopernikus zumindest prinzipiell im Recht gewesen war. Aber nun stellte sich die Frage: »Wie waren die Erde/die Planeten und das Leben überhaupt entstanden?«

Zu Anfang der Menschheitsgeschichte glaubten die Menschen an Gott. Er hatte Himmel, Erde und sie selbst erschaffen und ihnen einen Daseinszweck gegeben. Sie sollten ewig leben können und das Paradies, in das Gott sie gesetzt hatte, über die ganze Erde ausdehnen (vgl. Genesis 1:26–28). Danach entstanden allmählich die verschiedensten Theorien bezüglich der Herkunft des Menschen und der Entstehung des Alls.

Im Mittelalter hatte die Kirche zunächst das alleinige ›Lehrrecht‹, wie schon der Fall Kopernikus zeigte. Sie traktierte die Menschen mit Hölle und Fegefeuer, auferlegte weltlichen Herrschern Tribut und Bann, verkaufte Ablassbriefe so teuer es nur möglich war. Ihr Machtbereich begann erst zu schwinden, als sich das heliozentrische Weltbild durchsetzte.

Gegen Ende des 18. und zu Beginn des 19. Jahrhunderts manifestierte sich dann die »Kant-Laplace'sche Theorie«, die vom Philosophen Immanuel Kant (1724–1804) und, unabhängig von ihm, vom Mathematiker/Astronomen Pierre Simon Laplace (1749–1827) aufgestellte Theorie über die Entstehung des Sonnensystems, auch »Nebularhypothese« genannt. Diese besagte, dass sich aus einem gleichmäßig mit Masse gefüllten Raum zuerst die Sonne gebildet hatte, und zwar durch Massenverdichtung. Vom Sonnenkern trennten sich dann infolge der zunehmenden Rotationsgeschwindigkeit die Planeten/Planetoiden ab und umkreisten die Sonne fortan als selbstständige Körper. Damit war die Vorstellung von der Erde als Weltmittelpunkt überholt.

Mit wachsendem Wissen über unser Sonnensystem erwies sich die Kant-Laplace'sche oder Laplace'sche Theorie jedoch als unbefriedigend. Die verschiedensten Einwände wurden erhoben:

Erstens konnte die axiale Umdrehungsgeschwindigkeit der Sonne zur Zeit der Entstehung des Planetensystems nicht ausreichen, um Randstreifen von Materie sich ablösen zu lassen; aber selbst wenn sie sich

abgelöst hätten, würden sie sich nicht zu Kugeln zusammengeballt haben. Zweitens erklärt die Laplace'sche Theorie nicht, warum die Winkelgeschwindigkeiten der Tagesumdrehung und des Jahresumlaufes der Planeten größer sind, als die Sonne ihnen mitgeteilt haben könnte. Drittens bleibt die Frage offen, warum einige der Satelliten rückläufig kreisen, d. h. in einer den meisten Gliedern des Sonnensystems entgegengesetzten Richtung. […]
Heute wissen wir, dass zwar die Mehrheit der Satelliten in derselben Richtung kreist, in der auch die Planeten umlaufen und die Sonne sich dreht, jedoch die Monde des Uranus in einer Ebene kreisen, die senkrecht zur Bahnebene dieses Planeten liegt, und dass drei der elf Jupitermonde, einer der neun Saturnmonde und der eine Mond des Neptun rückläufig sind. Diese Tatsachen widerlegen das Hauptargument der Laplace'schen Theorie: ein rotierender Nebel konnte nicht Satelliten hervorbringen, die in zwei verschiedenen Richtungen umlaufen.[19]

Andere Fakten sprechen ebenfalls gegen die Laplace'sche Theorie, z. B. die Feststellung, dass die Planeten Elemente enthalten, die in der Sonne nicht vorhanden sind und somit nicht von der Sonne mitgegeben sein können.

Man versuchte noch, die Laplace'sche Theorie zu retten, indem man die »Gezeitenhypothese« aufstellte. Heute gilt sie indes als veraltet.

Über die Bewegung der Sonne und ihrer Planeten, d. h. über die Bewegungsabläufe unseres Sonnensystems, herrscht heute Klarheit, wohingegen ihre Entstehung unter den Wissenschaftlern weiterhin strittig bleibt. Natürlich kreist die Erde wie auch alle übrigen Planeten um die Sonne; Sonne und Planeten verharren jedoch nicht auf einer Stelle, sondern ziehen gemeinsam auf einem äußeren Spiralast unserer Galaxie durch den Weltraum. Diese Raumbewegung wird – im Gegensatz zur Rotationsbewegung um das Milchstraßenzentrum – »Pekuliarbewegung« genannt; sie beträgt ca. 19,4 km/s.

Der Bewegungsablauf, zunächst beschränkt auf Erde und Sonne, lässt sich folgendermaßen veranschaulichen: Beobachtet man vom Straßenrand aus einen auf ebener Fahrbahn vorbeiziehenden Radfahrer, so beschreibt die Radnabe, also die Mittelhülse des Vor-

[19] Velikovsky 1978, S. 21f, 24.

der- und Hinterrades, im durchfahrenen Raum eine gerade Linie. In ähnlicher Weise bewegt sich die Sonne durch den Raum. Das Ventil hingegen umrundet ständig die Radnabe, sein Umlauf stellt im Raum eine Wellenlinie dar – einmal befindet sich das Ventil oben, einmal unten, einmal vor der Radnabe, einmal hinter ihr. Für sich betrachtet vollführt das Ventil durch den Raum eine sogenannte Schraubenbewegung – genau wie die Erde, die sich im Raum einmal vor, einmal seitlich neben, dann wieder hinter der Sonne befindet, welche mit ca. 30 km/s durch den Weltraum gleitet. Das Sonnensystem legt so pro Jahr eine Strecke von 610 000 000 km in Richtung auf das Sternbild Herkules zurück.

Die Sonne wandert also ziemlich geradlinig durch den Raum, wobei sie natürlich auch den Gravitationskräften ihrer Planeten – besonders Jupiter und Saturn – unterliegt und dadurch, wenn auch kaum merklich, hin- und hergezerrt wird. Die Planeten bewegen sich in Schraubenlinien mit ihr mit. Man könnte von einem Zug sprechen, bei dem die Sonne als Triebwagen fungiert, der alles andere, auch die Kometen, die zu unserem Sonnensystem gehören, gravitativ mitzieht. Für einen Umlauf um die Milchstraßenmitte benötigt die Sonne übrigens 225 Millionen Jahre, wobei sie eine wellenartige Bewegung durch die Milchstraßenebene durchführt.

Bezüglich der Herkunft des Menschen setzte sich die von Charles Darwin begründete »Evolutionstheorie« durch, welche sich auf Entwicklungszeiträume von Millionen von Jahren stützt. Sie wird sogar an Schulen gelehrt, Papst Johannes Paul II. hat sie 1996 im Namen der Katholischen Kirche als bewiesene Tatsache akzeptiert (wobei er die Evolution als von Gott gelenkt betrachtete).

Albert Einstein (1879–1955) stellte Anfang des 20. Jahrhunderts seine »Relativitätstheorie« auf. Sie lieferte die für weitere Weltraumforschung wichtige Erkenntnis, dass Licht stets die gleiche Geschwindigkeit hat, Zeit und Wegstrecken oder Längenmaße jedoch als veränderbar, d. h. als relativ innerhalb eines bestimmten Bezugssystems, zu betrachten sind. Seit der Feststellung, dass Licht eine konstante Größe ist, kann man die Spektrallinien des Lichts untersuchen, welches von entfernten Sternen oder Sternensystemen bei uns ankommt. Je weiter ein Stern von uns entfernt ist, desto größer ist seine Rotverschiebung, d. h. die Bandbreite im Rotbereich des Farbspektrums nimmt entsprechend zu.

Dank des 1990 in die Erdumlaufbahn gebrachten Hubble-Weltraumteleskops oder auch durch weltweit zusammengeschaltete Teleskope konnte man immer weiter in den Weltraum vordringen und eine interessante Feststellung machen: Je weiter ein Sternensystem von uns entfernt ist, desto schneller entfernt es sich auch von uns. Man führte den Begriff »Fluchtgeschwindigkeit« ein. Diese sogenannten Fluchtgeschwindigkeiten haben heute atemberaubende Höhen erreicht. Man hat daraus den Schluss gezogen, dass das Universum, wenn es sich dermaßen ausdehnt, vormals enger zusammengeführt gewesen sein muss – mehr noch, dass es sich aus einer Singularität heraus, d. h. aus einem gewissen zusammengeballten Urzustand, bis zum heutigen Stand ausgedehnt hat und weiter ausdehnen wird.

So haben wir diesem Erbe des 20. Jahrhunderts unser heute gültiges Weltbild zu verdanken, die »Urknalltheorie«. Es handelt sich bei dieser Theorie, auf deren Erläuterung hier, da sie in zahlreichen Publikationen umfassend dokumentiert ist, verzichtet wird, um ein festgefügtes Weltbild, genauso unumstößlich und erwiesen, wie es die Kant-Laplace'sche Theorie einmal gewesen war.

Wenn Aristoteles (384–322 v. u. Z.) bereits um die Konstanz der Lichtgeschwindigkeit gewusst hätte, hätte auch er auf die Idee mit dem Urknall kommen können, so einfach ist das!

Was all denen, die bis heute Entstehungstheorien aufgestellt haben, gefehlt hat, ist die von Gott kommende Bestätigung. Dabei stand schon die Behauptung, die Erde sei eine ruhende Scheibe, in offenkundigem Widerspruch zur Heiligen Schrift, in der Hiob vor über 3 000 Jahren bereits bemerkte, dass die Erde »am Nichts« aufgehangen ist (Hiob 26:7)! Übrigens, eine ruhende Scheibe gibt es gar nicht: Eine Scheibe kann gravitativ nicht ruhig gehalten werden; die Bahnbewegung einer Scheibe wie beispielsweise die des Hyperion, eines Saturnmondes, ist chaotisch. Wenn die Gravitationskräfte die Scheibenfläche voll treffen, wird die Scheibe näher an den Mutterkörper herangezogen; kippt die Scheibenfläche weg, lässt der gravitative Halt schlagartig nach. Das hat zur Folge, dass eine Scheibe hin- und herflattert, anstatt eine geordnete Planetenbahn einzuhalten.

Untersuchen wir nun die Urknalltheorie. Es soll ja sogar gläubige Christen geben, für die der Urknall im Einklang mit dem Schöpfungsbericht und den übrigen biblischen Schriften steht. Hören wir zunächst einmal den berühmten ›Überphysiker‹ Stephen Hawking, Professor an der Universität Cambridge:

> Mir scheint, dass die Menschheit mit der Idee vom Urknall glücklicher ist als mit dem Gedanken an ein Universum, das immer und für alle Zeiten existiert. Der Urknall mag zwar nicht dasselbe sein wie die Genesis der Bibel, aber man kann ihn doch als eine Art Schöpfung betrachten. Die katholische Kirche jedenfalls scheint mit der Idee vom Urknall sehr einverstanden zu sein.[20]

Auch wenn Hawking den Urknall als schöpferischen Akt ansieht, so gibt er doch letztlich deutlich zu verstehen, dass zwischen Urknall-›Schöpfung‹ und Schöpfungsbericht keine Übereinstimmung besteht.

In »Das Universum in der Nußschale« (2001) erklärt Hawking den Beginn, indem er von einer »Singularität« spricht, einem unvorstellbar kleinen Punkt, in dem die Dimensionen Raum und Zeit derart zusammengezogen sind, dass beide gegen Null streben; denn wenn es noch keine Zeit gab, kann es auch keine sich bewegenden Massen gegeben haben und umgekehrt. Diese Überlegung liegt allerdings außerhalb jeglicher physikalischer Erfahrung. Es ist schlechthin undenkbar, dass in einem derart winzigen Anfangspunkt die gesamte Energie des Universums gesteckt haben soll. Der Urblitz ist sicher eine fantastische Vorstellung, die, im Computer simuliert, spektakulär aussieht – nichtsdestotrotz entbehrt ein solcher Blitz jedweder Logik und bleibt reine Spekulation.

Wir wollen nicht vergessen, dass die ganze Urknalltheorie im Wesentlichen darauf basiert, dass gemäß des Doppler-Effektes eine Lichtquelle, die sich auf uns zubewegt, ihre Lichtwellenlänge verkürzt, also eine Blauverschiebung im spektralen Bereich verursacht, und eine Lichtquelle, die sich von uns entfernt, eine Rotverschiebung. Ähnlich verhält sich auch der Schall: Wenn z. B. ein Auto auf uns zukommt, wird der Ton immer heller, weil die Schallwellen zusammengedrückt werden; wenn es sich entfernt,

---

[20] Stephen Hawking zit. n. Kröning 2003, S. 145.

wird er dunkler, weil die Schallwellen gedehnt werden. Gäbe es keine anderen Einflüsse, welche die Rotverschiebung verursachen könnten, wären gewisse Überlegungen der Urknallgläubigen durchaus plausibel.

Welche alternativen Faktoren gilt es jedoch zu bedenken? Betrachten wir zunächst die »Schwarzen Löcher«. Sie tragen ihren Namen, weil sie derart große Gravitationskräfte entwickeln, dass keinerlei Strahlung, auch kein Licht, entweichen kann. Sie strahlen senkrecht zu ihrer Wirkungsebene lediglich sogenannte Jets ab, vielleicht vergleichbar mit dem Strahl aus einem Düsentrieb-Rotor, nur entsprechend gewaltiger. In der Wirkungsebene, im Bereich des Schwarzschild-Radius, lassen sie nichts entweichen, auch kein Licht. Wenn diese Gravitationskräfte größer sind, wie beim Durchgang sogenannter Gravitationslinsen, werden die Wellenlängen gedehnt, d. h. die Rotverschiebung größer, ohne dass hier die Entfernung eine Rolle spielt. Ursache für die Rotverschiebung ist hier die Arbeit, die das Licht leisten muss, um sich von diesen Gravitationskräften, welche das Licht ›festhalten‹ wollen, zu befreien. Das Licht kommt also auf dem Prisma, durch das es in seine Spektralbereiche zerlegt wird, mit einer riesigen Rotverschiebung an, die gar nichts mit der weiten Entfernung der Lichtquelle zu tun hat.

Die im vergangenen Jahrhundert aufgestellte »Hubble-Konstante«[21] ist nach der Entdeckung der weitest gelegenen Galaxien gar nicht mehr haltbar, weil sich Fluchtgeschwindigkeiten nahe der Lichtgeschwindigkeit ergeben. Lichtgeschwindigkeit kann aber nach der Einstein-Gleichung nicht einmal annähernd erreicht werden, denn dann würden die Massen dieser Galaxien unendlich groß – was nicht möglich ist. Hier stößt die Erklärungskraft der Urknalltheorie bereits an ihre Grenze.

---

[21] Sie wurde zu Ehren des Astronomen Edwin Hubble (1899 – 1953) benannt, der 1929 den (annähernd) linearen Zusammenhang zwischen der Entfernung der Galaxien und der als Geschwindigkeit gedeuteten Rotverschiebung erkannte und damit die Expansion des Universums entdeckte: Die Galaxien entfernen sich zunehmend voneinander und von uns, ein Fundament der Urknalltheorie. Die Hubble-Konstante H_0 ist die Größe/Proportionalitätskonstante, welche die Geschwindigkeit dieser Expansion beschreibt, etwa 71±4 km/s pro Megaparsec (= 3,26 Millionen Lichtjahre). Der Kehrwert der Hubble-Konstante ($1/H_0$), Hubblezeit genannt, entspricht für Astronomen in etwa dem Alter des Universums, d. h. der seit dem Urknall vergangenen Zeit, 13 bis 14,5 Milliarden Jahre.

Mit einem 4,2-Meter-Teleskop entdeckten Astronomen auf La Palma einen sehr leuchtkräftigen Quasar und ordneten ihm nach Maßgabe des derzeit gültigen Analyseverfahrens eine Rotverschiebung von z = 4,73 zu – was einer Fluchtgeschwindigkeit von 271 000 km/s, also 91 % der Lichtgeschwindigkeit, entspricht. Eine derartige Expansionsrate bedeutet für die Astrophysiker bereits eine heftige Erschütterung ihres ›Theoriegebäudes‹. Wenn nun noch größere Rotverschiebungsphänomene auftreten, muss die ganze Theorie verworfen werden, zusammen mit der aus der Rotverschiebung abgeleiteten Urknalltheorie. In Kürze wird auch damit zu rechnen sein.

Fassen wir noch einmal zusammen: Die Rotverschiebung basiert nicht allein auf der Entfernungsgeschwindigkeit der Lichtquelle, sondern auch auf Gravitationskräften, welche die Rotverschiebung ebenfalls beeinträchtigen. Folglich ist die ganze Ausdehnungs- und daher die Urknalltheorie in Frage zu stellen – sie ist genauso überholt wie seinerzeit die Laplace'sche!

Einige Astrophysiker mögen das bereits erkannt haben und fieberhaft bemüht sein, eine ›Reparaturtheorie‹ zu erstellen (ähnlich wie zu der Zeit, als man die *Mécanique céleste* zu retten versucht hatte – vergeblich). Man kann solch eine über Jahrzehnte erarbeitete und vertretene Idee ja auch nicht einfach fallen lassen – wie will man all die Forschungsgelder rechtfertigen? Die die Urknalltheorie ablösende Reparaturtheorie – wie auch immer sie heißen mag – wird also in jedem Fall auf Erkenntnissen gründen, welche mit der Evolutionstheorie kompatibel sind. In keinem Fall wird man aus wissenschaftlicher Sicht der Schöpfung oder der Schöpfungsaussage den Vorzug geben.

Der Chemiker und Privatgelehrte Peter Plichta (* 1939) hat aus der Wissenschaftshistorie ein Fazit gezogen, dem man sich nur anschließen kann: Wir befinden uns stets »auf dem Stand des jeweils gültigen Irrtums.«[22]

---

[22] Plichta 1999, S. 21. Plichtas Forschungsergebnissen werden wir uns in Kapitel 7 widmen.

3. Die Folgen der Planetenbegegnungen

Die Frage ist noch immer offen: »Wie ist denn nun das Universum und unser Planetensystem entstanden?« Die Bibel sagt: »Im Anfang schuf Gott Himmel und Erde« (Genesis 1:1). Das materielle Universum hatte also einen Anfang und einen Schöpfer. Wenn Gott es erschaffen hat, muss er bzw. der geistige Bereich bereits vorher existiert haben. Somit gab es vor der Erschaffung des materiellen Universums auch schon die Zeit, nur noch keine Materie. Insofern kann Hawking seine oben zitierte Aussage ergänzen. Wie und in welcher Reihenfolge alles erzeugt wurde, wird in diesem Zusammenhang nicht gesagt.

Seit Einstein wissen wir jedoch, dass aus Energie Masse entstehen kann. Masse ist also Energie dividiert durch das Quadrat der Lichtgeschwindigkeit. Da unsere Erde Metalle wie Gold, Silber, Kupfer, Eisen usw. beinhaltet, muss die Herstellung dieses Planeten in mindestens zwei ›Arbeitsgängen‹ erfolgt sein:

1. die Bildung der Erde als solche,
2. die vorherige Erzeugung dieser schweren Metalle durch mindestens eine Supernova-Explosion (d.h. die Explosion eines Sterns der Vorgängergeneration), wodurch diese Elemente unter sehr hohem Druck und sehr hohen Temperaturen ›gebacken‹ wurden.

So gibt es im Periodensystem 81 stabile Elemente von Wasserstoff bis Wismut, dazu einige Zerfallelemente wie Technetium, Promethium, Thorium, Uran usw.[23] Aus diesen Elementen oder Grundbausteinen besteht alle Materie im Universum – alle Lebewesen sowie die sogenannte »tote Materie«. Letztere gibt es streng genommen gar nicht, denn selbst ein Kieselstein, der als tote Materie klassifiziert wird, ist voller ›Leben‹: Er besteht aus Millionen aneinandergeketteter Moleküle, die wiederum aus einem Atomkern und Elektronen, welche den Kern ständig umkreisen, zusammengesetzt sind.

Früher hat man Personen, die glaubten, der Schöpfer habe den Menschen aus Staub vom Erdboden erschaffen, ausgelacht. Heute lacht niemand mehr, denn es ist erwiesenermaßen der Staub, d.h. die

---

[23] Bei dieser Gelegenheit sei angemerkt, dass wir aufgrund des Uranzerfalls das Alter der Erde nährungsweise bestimmen können – nach derzeitiger Erkenntnis etwa 4,7 Milliarden Jahre.

Elemente, die der Erdboden beinhaltet, aus dem/denen der Mensch besteht respektive erschaffen wurde – jene Elemente, aus denen alle Materie des Universums zusammengesetzt ist!

Die Pflanzen, die Tiere und der Mensch wurden erst nach Bildung der Galaxien und unseres Planetensystems ins Leben gerufen – dies jedoch in einem wesentlich kürzeren Zeitraum als bislang propagiert. Man kann hier nur von Jahrtausenden sprechen, nicht von Jahrmillionen oder gar -milliarden, wie die Evolutionstheorie lehrt. Beweise hierfür liefert die Biologie: Die Art der vorhandenen X- bzw. Y-Chromosomketten ist bis zu den ersten Menschen zurückzuverfolgen; sie ist unverändert, d. h. ohne Entwicklung, geblieben. Auch die Generationsforschung, die bis ins 5. Jahrtausend v. u. Z. zurückreicht, kann als Zeuge aufgerufen werden, ebenso die Erforschung der Bevölkerungsdichten, deren Befunde den Anfang der Menschheit um oben genannten Zeitpunkt nahelegen.

Der Vollständigkeit halber sei noch erwähnt, dass die Tiere bereits vor dem Menschen ins Dasein gebracht worden waren. Auch dies geschah in einem Zeitraum von nur wenigen tausend oder zehntausend Jahren, längere Zeiträume sind nicht anzusetzen.

Die Erd- bzw. Menschheitsgeschichte beweist ebenfalls die Unmöglichkeit der Urknalltheorie: Die zahlreichen Katastrophen, welche die Menschheit durchleiden musste, können keinesfalls im Ablaufplan eines Urknalls enthalten gewesen sein, schon gar nicht im Falle göttlich-dirigistischer Vorsehung, von der einige Urknalltheoretiker ausgehen. Diese Katastrophenfolge, die nie abgerissen ist, muss eindeutig andere Gründe haben, als Begleitumstand eines geordneten Ablaufs einer solchen Theorie ist sie nicht annehmbar. Im Gegenteil ist zu beachten, dass heute überhaupt kein Leben auf der Erde vorhanden wäre, wenn der Schöpfer nicht rettend eingegriffen hätte. Das überzeugendste Beispiel ist die Sintflut bzw. die Geschichte Noahs, der Bau der Arche und der Fortbestand der Menschheit durch Noahs Nachkommenschaft (vgl. Genesis 6–9).

Was hat sich an Katastrophen zugetragen, die Anlass zu oben getroffener Aussage geben? Durch Naturereignisse, astronomische Beobachtungen, historische Berichte und Völkersagen sind viele Ereignisse rekonstruierbar. So hat unser heutiges Planetensystem – so unglaublich es klingen mag – in seiner Anordnung erst einen Bestand von einigen tausend Jahren.

Dazu müssen wir ein Buch des Arztes, Psychoanalytikers und Geschichtsforschers Immanuel Velikovsky (1895–1979) heranziehen, aus dem wir bereits die Kritik an der Laplace'schen Theorie zitiert haben: »Welten im Zusammenstoß« (1950), ein Werk, das zunächst im New Yorker Macmillan-Verlag erschienen war und in wissenschaftlichen Kreisen einen enormen Aufruhr verursachte. Harlow Shapley, Amerikas führender Astronom vom Harvard Observatorium, lehnte die Ausführungen Velikovskys, nachdem er diese nur ansatzweise gelesen hatte, rigoros ab. Er bezeichnete sie als schwarze Kunst und denunzierte den Verfasser in Warnbriefen an den damaligen Macmillan-Präsidenten. Die den Verlagsumsatz fast ausschließlich tragenden Lehrbuchvertreter wurden plötzlich an den Universitäten nicht mehr empfangen. Auch andere, bei Macmillan verlegte Wissenschaftler übten Druck aus, sodass das Werk zwei Monate nach Erscheinen aus dem Verlagsprogramm genommen wurde. »Welten im Zusammenstoß« erschien daraufhin beim Verlagshaus Doubleday und kam auf Platz 1 der US-Bestsellerliste. Trotz (oder wegen) des Publikumserfolgs wurden auch Velikovskys Folgewerke – »Vom Exodus bis König Echnaton« (1952), »Erde in Aufruhr« (1955) etc. – vom überwiegenden Teil der etablierten Wissenschaftler ignoriert. Die wenigen Forscher, die sich sachlich mit seinen Theorien auseinandersetzten, befanden diese als spekulativ, methodisch fragwürdig und unhaltbar.

Die Ablehnung Velikovskys bzw. die Nichtbeachtung seines Werks seitens der Fachwelt mag jedoch auch andere Gründe haben: Die Anerkennung seiner Hypothesen käme der Zerstörung der Grundpfeiler unseres wissenschaftlichen Weltbildes gleich. In einem Modell der allgemein gültigen und weltweit anerkannten Gravitationstheorie und Himmelsmechanik kann es nur geordnete Abläufe geben, da ist für solche Erkenntnisse kein Platz!

Wäre Velikovskys »Welten im Zusammenstoß« kein beachtenswertes Buch gewesen, hätte sich Albert Einstein nicht so ausführlich damit befasst. Er nahm es sogar mit ins Krankenhaus; als er verstarb, gehörte es zu den wenigen Utensilien, die er in seinem Krankenzimmer hinterließ.

Nachdem ich nun die Rezeptionsgeschichte dieses Werkes referiert habe, möchte ich daraus einige Passagen zitieren, in denen Velikovsky nachweist, dass unser heutiges Planetensystem in seiner Anordnung erst einige tausend Jahre besteht. Er schreibt:

Das Vier-Planeten-System

Wenn ich erkläre, dass der Planet Venus in der ersten Hälfte des zweiten Jahrtausends neu entstanden ist, so ist damit gleichzeitig gesagt, dass im dritten Jahrtausend [v. u. Z., U. v. S.] nur vier Planeten sichtbar waren und demnach in astronomischen Darstellungen aus dieser frühen Zeit der Planet Venus nicht verzeichnet sein kann.
Auf einer alten indischen Planetenübersicht, die dem Jahr 3102 v. Chr. zugeschrieben wird, fehlt unter den sichtbaren Planeten allein Venus. Die Brahmanen der Frühzeit kannten das Fünf-Planeten-System nicht, und erst in einer späteren (der »Mittleren«) Zeit sprachen sie dann von fünf Planeten.
Auch die babylonische Astronomie hatte ein Vier-Planeten-System. In alten Gebeten werden die Planeten Saturn, Jupiter, Mars und Merkur angerufen, während der Planet Venus fehlt. Diese Vier-Planeten-Systeme und die Tatsache, dass die alten Inder und Babylonier die Venus nicht am Himmel entdeckten, obwohl sie doch viel augenfälliger als die anderen Planeten ist, sind nur zu verstehen, wenn sich Venus tatsächlich nicht mit unter den Planeten befand.
Später dann »erhält der Planet Venus den Beinamen: ›Der Große Stern, der sich zu den Großen Sternen gesellt‹. Die Großen Sterne sind selbstverständlich die vier Planeten Merkur, Mars, Jupiter und Saturn ... und Venus gesellt sich ihnen als der fünfte Planet zu.«
Apollonius Rhodius berichtet von einer Zeit, »als noch nicht alle Planeten am Himmel waren«.[24]

Wie aus der Kulturgeschichte vieler Völker der damaligen Zeit hervorgeht, kam die Venus nicht einfach als Komet daher und gliederte sich brav in die Reihe der Planeten ein, im Gegenteil: Sie bedrängte die Erde wie auch den Mars viele Male und zwang beide Planeten zur Bahnänderung.

Velikovsky thematisiert einige biblische Ereignisse, die durch die Einflüsse von Planeten verursacht wurden und die ohne die Beeinträchtigung der Erde durch diese Planeten nicht hätten stattfinden können. Ein ›Wunder‹ wie die Sintflut kann somit eine natürliche Erklärung haben, d. h. mit den Naturgesetzen in Einklang stehen. Der griechische Philosoph Platon (427–347 v. u. Z.) wird für diesen Sachverhalt als Zeuge benannt:

---

[24] Velikovsky 1978, S. 149. Velikovskys Schriftquellennachweise/Fußnoten wurden im Zitat ausgelassen.

Plato schrieb auf Grund der Angaben der ägyptischen Weisen Sintflut und Weltenbrand der Einwirkung eines Himmelskörpers zu, der seine Bahn geändert hatte und nahe an der Erde vorbeizog, und bezeichnete sogar die Planeten selbst als die Urheber wiederholt eintretender Weltkatastrophen. Der griechische Ausdruck für einen Zusammenstoß von Planeten ist synodos, womit nach den Worten eines neueren Forschers ein tatsächliches räumliches Zusammentreffen und auch ein Zusammenstoß von Planeten gemeint ist.[25]

Weitere Ereignisse lassen sich auf diese Störungen in der Planetengeschichte zurückführen: die Vernichtung von Sanheribs Heer (vgl. 2. Könige 19:35, Jesaja 37:36) durch den Planeten Mars, der von der Venus aus seiner Bahn gedrängt worden war und sich der Erde bedrohlich nahe gezeigt hatte; die Wanderung des Schattens auf der Treppe des Ahas, der als Zeichen für den König Hiskia rückwärts die Stufen wieder zurückging (vgl. 2. Könige 20:9–11) usw.

Der Theologe und Philosoph Augustinus (354–430) berichtete u. a. davon, dass zu der Zeit, als Venus sich von einem Kometen in einen Planeten verwandelte – in einem Zeitraum von ca. 1500 Jahren (ab etwa 2000 v. u. Z.) –, die Zeiteinteilung gestört war, was von Astronomen bestätigt wurde. Erscheinungen wurden beobachtet, die sich seither nie wiederholt haben. Im Bibelbuch Josua ist von einem Ereignis die Rede, das durch den Kometen Venus verursacht wurde. Josua, der Führer Israels, der 1473 v. u. Z. in Kanaan eingezogen war und zahlreiche Stadtkönigreiche unterworfen hatte, bat Gott im Kampf gegen die fünf Kanaaniter-Könige darum, Sonne und Mond stillstehen zu lassen, damit genügend Licht vorhanden blieb, um die Feinde verfolgen zu können. Vor den Augen der Israeliten gebot er der Sonne:

> Sonne, bleib stehen über Gibeon / und du, Mond, über dem Tal von Ajalon! – [...] Die Sonne blieb also mitten am Himmel stehen und ihr Untergang verzögerte sich, ungefähr einen ganzen Tag lang. Weder vorher noch nachher hat es je einen solchen Tag gegeben, an dem der Herr auf die Stimme eines Menschen gehört hätte; der Herr kämpfte nämlich für Israel. (Josua 10:12–14)

---

25 Ebd., S. 243.

Die Feinde Israels wurden nicht nur durch das Heer Israels verfolgt; es hagelte darüber hinaus Steine vom Himmel, die mehr Gegner erledigten, als »die Israeliten mit dem Schwert töteten« (Josua 10:11). Velikovsky führt weitere Quellen an:

> In einer samaritanischen Chronik wird bestätigt, dass während der Eroberung Palästinas [oder Kanaans, U. v. S.] durch die Israeliten unter Josua im Osten ein neuer Stern geboren wurde: »Ein Stern erhob sich über den Osten, gegen den aller Zauber vergeblich ist.«[26]

Was hatte sich zugetragen? Der ›Komet‹ Venus war der Erde so nahe gekommen, dass die Erde über ihre Bahnachse wegkippte, worauf Sonne und Mond einen ganzen Tag länger als üblicherweise dieselbe Stelle der Erdoberfläche beschienen. Dies lässt sich mit einem Globus veranschaulichen, bei dem man unter Beibehaltung der Rotation die Erdachse so weit neigt, dass das Licht der Zimmerlampe länger als normal auf einer Stelle des Globus verweilt.

Nur so kann sich dieses Naturwunder ereignet haben. Die Rotationsgeschwindigkeit mag nur mäßig beeinträchtigt gewesen sein, eine plötzliche Abbremsung ist aufgrund der Stabilität, welche die Drehbewegung mit sich bringt, ohnehin nicht möglich. Die Rotationsgeschwindigkeit am Äquator beträgt ca. 1800 km/h (wobei in der Rotation die Erdatmosphäre mitgenommen wird), in den mittleren Breiten immerhin noch etwa die Hälfte. Bei einem plötzlichen Abbremsen der Rotationskräfte würde infolge der Weiterbewegung der Erdatmosphäre, welche dann die Wirkung eines nie dagewesenen Sturms hätte, alles auf der Erdoberfläche befindliche weggeblasen/-geschleudert werden, einschließlich der Meere sowie vieler Landmassen.[27] Berichte über die Hurrikans in den Vereinigten Staaten belegen, dass bereits bei Windgeschwindigkeiten von 200 bis 300 km/h Dächer wegfliegen und Bäume entwurzelt werden. Die Verwüstungen von Ivan (2004), Katrina und Wilma (beide 2005) sind uns sicher noch im Gedächtnis.

---

[26] Ebd., S. 148.

[27] Am Ende des Filmklassikers »Der Mann, der die Welt verändern wollte« (Lothar Mendes 1936, nach einer Kurzgeschichte von H. G. Wells) vollbringt der Titelheld das Wunder eines solchen Stillstands – mit entsprechend katastrophalen Folgen.

Dass solches geschieht, wird, wie oben bereits gesagt, durch die Stabilität der Drehbewegung verhindert. Die Steine, die vom Himmel fielen, sind als Folge der Kometenbegegnungen leicht erklärbar – es handelt sich um Meteoriten, Kometenbruchstücke, die nicht in der Erdatmosphäre verglühten. Schon bei weniger nahen Kometenbegegnungen sind solche Begleiterscheinungen beobachtet und festgehalten worden.

Ein ebenfalls durch die Begegnung mit der Venus hervorgerufenes Ereignis war die Teilung des Roten Meeres im Jahr 1513 v. u. Z., als die Israeliten vor dem ägyptischen Heer flohen (vgl. Exodus 14). Auch diese Begebenheit ist physikalisch erklärbar: Die Venus wie auch die Erde besitzen starke Magnetfelder. Wasser ist schwach diamagnetisch, wird also von magnetischen Kräften abgestoßen, d. h. von der Stelle, an welcher das Magnetfeld am stärksten ist, weggedrängt und dort, wo die magnetischen Kräfte weniger stark wirken, aufgrund der Gleichgewichtsverhältnisse aufgestaut. Dies ist auch im obigen Falle geschehen, das Magnetfeld der Venus hat das Meerwasser geteilt! Die Schrift sagt, dass bei der Durchquerung des Meeres »rechts und links von ihnen [den Israeliten] das Wasser wie eine Mauer stand« (Exodus 14:22).

Der Vorgang lässt sich im Labor simulieren. Laut eines Berichts im »New Scientist« haben 1994 zwei Physiker der Universität von Tokio ein teilweise mit Wasser gefülltes waagerechtes Rohr einem starken Magnetfeld ausgesetzt, worauf das Wasser an die Enden des Zylinders gedrängt wurde und in der Mitte des Rohres ein trockener Abschnitt entstand. Seitdem wird eine solche Reaktion in Fachkreisen als »Moseseffekt« bezeichnet.

Während die Fliehenden also trockenen Fußes ans rettende Ufer gelangten – ein starker Wind hatte für das Abtrocknen des Meeresbodens gesorgt (vgl. Exodus 14:21) –, wurde das ägyptische Heer »durch die losgelassenen Flutwellen vernichtet, die beim Überschlagen des Funkens zwischen Venus und Erde zusammenfielen.«[28]

Die Begegnung der Venus (Ishtar bei den Arabern und Babyloniern, Astarte im Nahen Osten, Athene bei den Griechen) mit der Erde fand auch in Mythologien und Göttersagen, sogar in Homers »Ilias« (vermutlich 750 v. u. Z.) ihren Niederschlag. Die Ägypter

---

[28] Ebd., S. 261.

zur Zeit Setis schilderten Venus als einen kreisenden Stern, der sein Feuer in Flammen ausstreut. Der Komet wurde aufgrund zweier großer Feuerfahnen, die seinem ›Kopf‹ beiderseits wie Hörner entsprangen – Auswürfe von flammenden Gasfontänen –, von den Ägyptern als Stierkopf identifiziert. Auch in Griechenland oder im nördlichen Israel entstand ein Stierkult. Sogar in der Südsee hinterließen diese Himmelsbeobachtungen ihre Spuren:

> Die Einwohner des weitentfernten Samoa, primitive Stämme, die auf mündliche Überlieferung angewiesen sind, da sie keine Schrift besitzen, wiederholen bis auf den heutigen Tag: »Der Planet Venus wurde wild und Hörner wuchsen aus seinem Kopf hervor.«[29]

Da die Erde von der Venus mehr noch als von Sonne und Mond beeinträchtigt wurde, bezog man sie in die Anbetung mit ein. Von Babylon dehnte sich die Anbetung von Göttertriaden überall hin aus. Es wurden Schamasch, Sin und Ishtar angebetet, also Sonne, Mond und Venus. Sogar Städte wurden nach der Venus bzw. Astarte benannt, z. B. die kanaanitische Stadt Aschteroth-Karnajim (vgl. Genesis 14:5), was »Astarte mit den Hörnern«[30] bedeutet. Auch die Stadt Athen trug zu Ehren des Planeten Venus bzw. der Göttin Athene ihren Namen. Athenes Helm mit den beiden Flügeln symbolisiert ebenfalls den Stierkopf mit den Hörnern.

Venus und Mars nahmen ihre heutigen Umlaufbahnen etwa ab dem 7. Jahrhundert v. u. Z. ein, legt man die Belagerung Jerusalems durch Sanherib und die Regierungszeit Hiskias (letztes Drittel des 8. Jahrhunderts v. u. Z.) der zeitlichen Einordnung zugrunde. Vor dieser Beruhigung der Planetenbegegnungen waren, wie berichtet, gewaltige Turbulenzen unter den Himmelskörpern im Gange. Die Erde war immer wieder in Bedrängnis geraten und dabei einige Male über ihre Drehachse weggekippt, sodass die Sonne aus Sicht der Erdbewohner nicht immer im Osten, sondern mehrmals auch im Westen aufging. Die Bewohner der nördlichen Hemisphäre fanden sich im Süden wieder und sahen zur Zeit der vertauschten Pole die Sternbilder des Südens und umgekehrt. Velikovsky führt einen Beweis für eine derartige Vertauschung der Himmelspole an:

---

[29] Ebd., S. 153.
[30] Ebd.

> Im Grabe Senmuts, des Baumeisters der Königin Hatschepsut, zeigt ein Feld der Decke die Himmelskugel mit den Tierkreiszeichen und anderen Sternbildern in »umgekehrter Ausrichtung« des südlichen Himmels.[31]

Ein weiterer Beleg: Die unterschiedlichen Polarisierungen der Eruptionsgesteine bezeugen, dass die Magnetpole der Erde vertauscht gewesen sein müssen.

Die Beeinträchtigung der Erde hat natürlich auch andere Folgen nach sich gezogen, z. B. eine Störung der Umlaufzeiten, welche in den kalendarischen Aufzeichnungen dokumentiert ist. Zwischen der letzten Katastrophen des 15. Jahrhunderts v. u. Z. und der ersten des 8. Jahrhunderts v. u. Z. Betrug die Erdumlaufdauer offensichtlich 360 Tage. Zur Zeit der Brahmanen, der Veden und der alten Inder rechnete man mit einem Jahr von 360 Tagen, 12 Monaten und 30 Tagen pro Monat, mathematisch vollkommen und gleichzeitig ›schöne runde Zahlen‹, wie ja auch schon Einstein gerne mit der ›schönen runden Zahl‹ gerechnet hat (gemeint ist die 3 anstatt 2,997...; mehr dazu in Kapitel 7). Die Astronomen Babylons leiteten von dem Jahr mit 360 Tagen die Kreisteilung in 360 Grade ab.[32] Dadurch versinnbildlichten sie, dass die Sonne bei ihrem jährlichen Umlauf um die Erde – das entsprach ihrem Weltbild – jeden Tag die Wegstrecke von einem Grad zurücklegte. Ab dem 7. Jahrhundert v. u. Z. wurden dann die Kalender in aller Welt allmählich auf die heutige Umlaufzeit geändert.[33]

Die Einordung von Venus und Mars in die heutigen Umlaufbahnen muss auch Auswirkungen auf die Anbetung der Planetengötter gehabt haben. Aufgrund dieser Vermutung schaue ich im »Brockhaus« unter dem Stichwort »Römische Religion« nach – und siehe da, die Erklärung lautet dort wie folgt:

---

[31] Ebd., S. 107.

[32] Noch heute rechnet man im Geschäftsleben mit einem 360-tägigen Jahr und in Mathematik, Physik und Astronomie mit der 360°-Einteilung. Die 400°-Teilung, Neugrad genannt, hat sich nicht durchgesetzt.

[33] Wolfgang Trapp hat die Geschichte des Kalenders in seinem Buch »Kleines Handbuch der Maße, Zahlen, Gewichte und der Zeitrechnung« (1992) kompakt dargestellt.

> Ursprünglich nahmen in der r. R. [römischen Religion] die 3 Götter Jupiter, Mars, Quirinus den ersten Platz ein. An ihre Stelle trat im 6. Jh. v. Chr. die Dreiheit Jupiter, Juno, Minerva.«[34]

Die römische Minerva ist die griechische Astarte oder Athene und somit der Planet Venus – ein ganz klarer Beweis für die Änderung der Himmelsmechanik!

Es ging mir in diesen wenigen Beispielen vor allem darum, zu zeigen, dass das derzeitige offizielle Weltbild, bezogen auf Entwicklung und Alter unseres Sonnensystems bzw. des Lebens auf der Erde, nicht haltbar ist, weil es sich auf Entwicklungszeiträume von Jahrmillionen stützt. Die tatsächlichen Zeiträume waren wesentlich kürzer.

[34] Brockhaus 2000, S. 762.

4. Neandertaler und Eiszeiten

»Wie verhält es sich nun mit dem Alter der Menschheit?« mag jemand einwenden. Ist der Neandertaler nicht schon vor 500 000 Jahren auf der Erde gewesen, oder muss man auch hier die Zahlen nach unten korrigieren? In der Tat ist es so, dass ein solches Alter der Menschheit durch nichts belegt ist – alles, was berichtet wird, stützt sich auf Vermutungen und Schätzungen.

Einen ›kompetenten‹ Bericht über die Neandertaler finden wir in der populärwissenschaftlichen Monatszeitschrift »Bild der Wissenschaft«, Ausgabe Juni 2005. Anlässlich der 150-jährigen Entdeckung dieser Spezies ist der Bericht »Der Untergang der Neandertaler« veröffentlicht worden. Der Neandertaler soll, von heute zurückgerechnet, vor 250 000 Jahren bis vor 29 000 Jahren existiert haben, Kälteeinbrüche und die Konkurrenz des Homo sapiens seien für sein ›Verschwinden‹ verantwortlich – ob er ausgestorben, ausgerottet oder in die zahlenmäßig größere Population des Homo sapiens ›integriert‹ worden ist, weiß man nicht. In diesem Bericht werden ferner zahlreiche Hypothesen in Bezug auf Ausbreitung und Lebensweise dieser als Steinzeitmenschen klassifizierten Rasse aufgestellt, die in Ermangelung überzeugender Beweise aber Spekulation bleiben.

Damit der ›Glaube‹ an die Neandertaler erhalten bleibt, hat u. a. das 3sat-Wissensmagazin »nano – die Welt von morgen« in Kooperation mit »Bild der Wissenschaft« einen Beitrag produziert, der am 25. Mai 2005 ausgestrahlt wurde, betitelt: »Die Kälte wurde zum Todesurteil für die Neandertaler«. Das war eine gute Gelegenheit, die vermeintliche Existenz der Neandertaler durch eine realistisch anmutende Visualisierung der Urgeschichte, deren Bilder sich in den Köpfen der Zuschauer festsetzen, zu bestätigen, zumindest plausibel erscheinen zu lassen. Dabei handelt es sich hier, in Anlehnung an den Begriff »science fiction«, nur um »prehistoric fiction«. Inszenierte Bilder sind keine historischen Fakten!

Wenden wir uns den nachweisbar ältesten Kulturen der Menschheit zu. Sie sind vor dem 3. Jahrtausend v. u. Z., genauer bis zur Zeit vor der Sintflut, nicht mehr nachvollziehbar. Erst nach der Sintflut entwickelten sich die verschiedenen Kulturen (erneut).

Basis für die Entwicklung einer Kultur ist die Fruchtbarkeit des Bodens – oder dessen Fruchtbarmachung. Im Zweistromland und auch im übrigen Teil des fruchtbaren Halbmonds, der ›Wiege der Menschheit‹, waren Bewässerungssysteme, die das Wasser durch Dämme und Kanäle aufstauten, vonnöten.[35] Errichtung und Wartung dieser Bauwerke überstieg das Vermögen Einzelner, auch einzelner Familien oder Stämme. Daher war es unabdingbar, sich zu einem Gemeinwesen, einer Staatsform zu organisieren, um solche Aufgaben gemeinschaftlich bewältigen zu können. Gleiches erforderte die Aufzucht von bzw. der Handel mit Vieh, was den Ausbau von Handelswegen – auch für andere Güter wie Felle, Wolle und Erntegut – notwendig machte. Auf diese Weise entwickelte sich allmählich eine Kultur, die, natürlich auch im Hinblick auf Handwerk und Kunst, bestrebt war, sich ständig zu verbessern und zu vervollkommnen – zur Hochkultur zu werden.

Das Reich der Hethiter war eine solche Hochkultur, die vor etwa 4 200 Jahren, d. h. um das Jahr 2100/2200 v. u. Z., ihren Ursprung hatte. Die Hethiter beherrschten ein Gebiet, das sich vom Zweistromland (vom Großen Strom, dem Euphrat, bis zum Mündungsgebiet, dem Schatt al-Arab) über Syrien bis zum Libanon erstreckte. Zu ungefähr gleicher Zeit entstand nilaufwärts das Reich der Ägypter. Auch diese Hochkultur kann nicht weiter als bis zum Jahr 2000 oder 2100 v. u. Z. zurückdatiert werden. Dies basiert, wie bereits erwähnt, auf der Tatsache, dass erst nach der Sintflut – also ab 2370/2369 v. u. Z. – derartige Kulturen entstehen konnten. Die Kulturen, die vor der Sintflut existierten, sind zum großen Teil nur noch bruchstückhaft erhalten, was ihre zeitliche Einordnung erschwert. Ihre Relikte werden meistens – und dies irrtümlicherweise – auf Urzeiten zurückdatiert (Werkzeuge der Neandertaler usw.).

Auch östlich des Zweistromlandes, in Indien und China, wird man keine älteren Kulturen finden als die vorgenannten. So ist auch in diesen Bereichen, was das Alter der Menschheit und der Kulturen betrifft, nichts aufzufinden, was nicht in die geschichtliche Zeit einzuordnen wäre.[36] Die Menschheitsgeschichte begann in

---

[35] Übrigens heute noch ein probates Mittel zur Steigerung von Ernteerträgen, z. B. in Andalusien.

etwa zeitgleich mit den angesprochenen planetarischen Ereignissen, wobei die ersten Menschen ein wenig vor den geschilderten Bedrängnissen, d. h. in einer ›friedlichen‹ Phase, ins Dasein gekommen waren, zu der Zeit also, als noch eine stabile Himmelsmechanik vorhanden war.

Kommen wir, unter Einbeziehung der Erkenntnisse von Velikovsky, auf die sogenannten »Eiszeiten« zu sprechen. Unter dem Begriff »Eiszeit« versteht man allgemein eine Zeitspanne, in welcher die ganze Erde unter einer Eisdecke gelegen hat; erst nach Abtauen dieser Eisdecke konnte sich wieder Leben entwickeln. Diese Ansicht impliziert gleichzeitig die Annahme entsprechend großer Zeiträume, über die sich solche Ereignisse erstreckt haben müssen. So geht man davon aus, dass es die letzte Eiszeit vor ca. 30 000 oder 35 000 Jahren gegeben hat. Diese Datierung ist jedoch nicht belegbar.

Tatsächlich gab es auf der Erde verschiedene Glazialperioden, aber nicht global, sondern lediglich partiell. Es waren vor wenigen tausend Jahren weite Gebiete Nordamerikas und Europas von Gletschern bedeckt gewesen. In Deutschland, genauer im mittleren und unteren Bereich der Elbe, lagen damals eisbedeckte Einöden, ähnlich wie heute die Gletscherlandschaft Grönlands. Das Vordringen und Abschmelzen des Eises zu den unterschiedlichen Zeiten hat dann erkennbare Begrenzungslinien hinterlassen, wie die Geologen feststellen konnten. Es haben sich Anhäufungen von Steinen, Moränen, gebildet, die auf verschiedene Glazialperioden schließen lassen, sogenanntes Geschiebegestein. Zu keiner Zeit war die gesamte bewohnte Erde mit Eis bedeckt.

---

[36] Anmerkung zum Verfahren der Altersbestimmung: Die Radiokarbonmethode dient der Ermittlung des radioaktiven Kohlenstoffs, der aus dem Kohlendioxid der Luft stammt und sich im Laufe der Zeit gesetzmäßig durch radioaktiven Zerfall verringert. Die gemessenen Kohlenstoffwerte werden zur Altersbestimmung herangezogen, allerdings ohne zu beachten, dass vor der Sintflut ein anderer Kohlenstoffgehalt in der Luft vorhanden war als nach der Sintflut. Aus diesem Grund ist die Radiokarbonmethode nicht geeignet, um vorsintflutliche Datierungen bzw. Altersbestimmungen vorzunehmen. Auf die »wilde[n] Kapriolen« des Kohlenstoffgehalts (Ewe 2003, S. 38) und die damit einhergehende Gefahr der Fehldatierung archäologischer Funde wurde auch in »Bild der Wissenschaft«, Heft 7/2003, hingewiesen (freilich ohne Verweis auf die Sintflut).

Was hat diese Eiszeiten bzw. Glazialperioden verursacht und wann haben diese stattgefunden, insbesondere die letzte? Forscher stellten dazu die unterschiedlichsten Hypothesen auf, die erforderlichen Beweise blieben sie bislang schuldig. Damit derartige Eismassen gebildet werden konnten, bedurfte es sicher verstärkter Niederschläge und gleichzeitig entsprechender Kälteeinbrüche – doch worin waren solche klimatischen Veränderungen begründet? Was hätte denn solche Gefrierungsprozesse auslösen können? Die Bewegung bzw. die geografische Ausdehnung der eisbedeckten Flächen muss darüber hinaus physikalisch begründbar sein. Konkret gefragt: Warum hielten die Gletscher große Flächen Nordamerikas und Europas bedeckt, schmolzen dann aber wieder ab?

Nun, für diese Vorgänge bzw. für die Bildung der Eisdecken gibt es zwei Gründe:

1. Die Sintflut veränderte das Erdklima. Vor der Sintflut herrschte auf der Erde ein sogenanntes ›Treibhausklima‹. In einem Treibhaus sorgt die gläserne Überdachung dafür, dass zufolge des milden Klimas sogar exotische Pflanzen gedeihen können. Solche Verhältnisse verhindern einen Klimasturz. Vor der Sintflut hat ein schirmender Baldachin in Form einer Wasserhülle oberhalb der Erdatmosphäre für ein derartiges Treibhausklima gesorgt. Nachdem dieser Wasserbaldachin als Sintflut abgeregnet war, konnte die Weltraumkälte ungehindert auf die Erde einwirken. Es kam daher zu einem plötzlichen Kälteeinbruch und zur Vereisung der Polkappen, gleichzeitig auch zur Gletscherbildung auf und innerhalb der Gebirge und Gebirgszüge, welche aufgrund der Umstürzungen – als Folge sintflutbedingter Druckspannungsänderungen auf der Erdoberfläche – entstanden waren.
2. Die Erdachse war in ihrer Stellung zur Ekliptik[37] umgependelt, was einen ›Weltenumsturz‹ verursachte, der wiederum auf die zuvor beschriebenen Kometen- und Planetenbegegnungen, denen die Erde ausgesetzt war, zurückzuführen ist. Dies allein erklärt die Entstehung der verschiedenen Glazialperioden. Da der letzte dieser Weltenumstürze – um bei diesem Ausdruck

[37] Die Ekliptik ist die scheinbare jährliche Bahn der Sonne unter den Sternen. Die Ebene dieser ›Sonnenbahn‹, in Wahrheit die Ebene der Erdbahn um die Sonne, ist gegen den Erdäquator um 23° 27′ geneigt und schneidet ihn im Frühlings- und Herbstpunkt (21. März bzw. 23. September).

zu bleiben, weil er mir sehr passend erscheint – am Ende des 8. Jahrhunderts v. u. Z. zu verzeichnen ist, hatten wir es da auch mit der letzten Eiszeit zu tun. Durch das Umpendeln der Erdachse und die damit einhergehende Änderung der Jahreszeiten sowie der Tag- und Nachtgleichen traten andere Bereiche der Erde in die Polregionen ein und umgekehrt. Es erfolgte eine Verlagerung der Eis- und Gletscherzonen: Einerseits kam es zum Abschmelzen der Eisflächen, die nun in gemäßigtere Zonen eintraten, andererseits zur Vereisung der Flächen, die in von der Sonne weniger begünstigte Regionen gerieten.

Über die Gesamtzahl der Eiszeiten/Glazialperionen kann man nur spekulieren, denn diese Ereignisse wiederholten sich immer wieder. Mitunter wurden Mensch und Tier durch diese Umstürze derart überrascht, dass es ihnen nicht möglich war, rechtzeitig auszuweichen, um ihr Leben zu retten. Durch entsprechende Funde sind solche Naturkatastrophen in vielfältiger Weise belegt. So fiel das Aussterben des Mammuts mit einer solchen Eiszeit zusammen. In Nordostsibirien, heute eine der kältesten Regionen der Erde, wurden Mammutzähne in großer Zahl gefunden. Das Elfenbein dieser Riesenelefanten ist seit dem Ende des 18. Jahrhunderts, dem Zeitpunkt der Erstfunde in der Neuzeit, in die gesamte Welt exportiert worden. Die ausgegrabenen Kadaver dieser Tiere waren wie aus der Tiefkühltruhe frisch und unbeschädigt, die Schlittenhunde konnten das Fleisch gefahrlos fressen und verdauen. Reste von Pflanzen befanden sich noch im Maul und im Verdauungstrakt der Tiere, hauptsächlich im Magen – ein Beleg dafür, dass der Temperatursturz (von +30/+40 °C auf –50/–60 °C) und damit der Tod ganz plötzlich über sie hereingebrochen sein muss. Bei den Pflanzen handelte es sich übrigens um solche, die heute nur in Namibia oder der Kalahari, also in wärmeren Klimazonen, gedeihen. Auch andere Vierfüßer wurden und werden immer wieder unversehrt im Permafrost gefunden, wodurch plötzliche klimatische Veränderungen respektive Temperaturstürze dokumentiert sind. Funde menschlicher Überreste in den Eisregionen bestätigen das ebenfalls, beispielsweise der in den Alpen entdeckte »Ötzi«. Seine Daten, einschließlich der Eindatierung des Leichnams in die geschichtliche Zeit (ca. 3 000 v. u. Z.), sind in »Bild der Wissenschaft«, Heft 9/2006, veröffentlicht worden.

Es gibt noch weitere Möglichkeiten, die letzte(n) Eiszeit(en) in diese geschichtliche Zeit einzuordnen. Misst man die Geröllmengen, die durch Flüsse wie die Rhône aus den Alpengletschern heruntertransportiert wurden und sich in durchflossenen Gewässern wie dem Genfer See abgelagert haben, so erhält man Auskunft über den Beginn dieser Geröllansammlungen, d.h. über das Ende der Glazialperiode. Dabei ergeben sich für das Ende der letzten Eiszeit niedrigere Zahlen als bisher angenommen. Auch das Zurückwandern der Wasserfälle im Laufe der Zeit weist in diese Richtung: In den letzten Jahrhunderten sind die Niagarafälle vom Ontariosee in Richtung auf den Eriesee durch das Ab- und Auswaschen der Absturzkante jährlich um ca. 1,5 m zurückgewandert. Zieht man gleichzeitig in Betracht, dass dieser Bewegungsablauf anfangs schneller gewesen sein muss, als große Wassermengen durch den Rückzug des Inlandeises frei wurden, so kommt man von heute an zurückgerechnet auf wenige tausend Jahre. Die Ablagerungen im Michigansee deuten ebenfalls darauf hin, dass man die vergangene Zeit seit Ende der letzten Eiszeit auf Tausende von Jahren datieren kann, in gar keinem Fall auf Zehntausende.

Im Hinblick auf diese zeitliche Einordnung der letzten Glazialperiode ist weiter festzustellen, dass die letzte Eiszeit und die geschilderten Folgen der Planetenbegegnungen, welche die Erde mit Mars und Venus hatte, zeitlich kongruent sind und die einzelnen Schilderungen harmonisch zueinander passen.

5. Das Gedächtnis des Wassers

So wären wir wiederum bei der grundlegenden Frage angelangt: »Wie ist die Erde und das Universum denn nun wirklich entstanden?« Um sie beantworten zu können, wollen wir uns, frei nach Goethes »Faust«, zunächst an der Frage, »was die Welt / Im Innersten zusammenhält«[38], versuchen. Einen Hinweis liefert Velikovsky am Ende seines Buches, wenn er die Sonne und die sie umkreisenden Planeten in Analogie zum Atomkern und seinen Elektronen setzt, wobei das Kreisen der Planeten auf Gravitation, das der Elektronen auf Elektromagnetismus beruht. Die von ihm beschriebenen Planetenbewegungen sind in den Vorgängen im Atom präfiguriert:

> Das Sonnensystem ist wirklich wie ein Atom gebaut; nur dass entsprechend der Kleinheit des Atoms das Überspringen von Elektronen beim Auftreten eines Photons mehrmals in einer Sekunde eintritt, während entsprechend der riesigen Ausdehnung des Sonnensystems dort ein ähnliches Ereignis nur einmal in Hunderten oder Tausenden von Jahren eintritt.[39]

Es geht nun also um die Beziehung der Galaxien, der Planetensysteme, der einzelnen Himmelskörper, der Menschen, der Zellen und Moleküle zueinander. Ob im Mikro- oder Makrokosmos – alles hängt mit allem zusammen.

Als der französische Physiker Léon Foucault (1819–1868) im 19. Jahrhundert die Umdrehung der Erde durch Pendelversuche nachwies, ging es auch um weit größere Zusammenhänge. In Ermangelung eines experimentellen Beweises dafür, dass die Erde sich um sich selbst dreht, kam Foucault auf eine außergewöhnliche, aber großartige Idee, um den entsprechenden Beweis anzutreten. Ich zitiere im Folgenden aus dem Buch »Gott und die Wissenschaft« (1991), einem interdisziplinären Gespräch, das die Zwillingsbrüder Grichka und Igor Bogdanov (* 1949), Mathematiker bzw. theoretische Physiker und Fernsehmoderatoren, mit

---

[38] Goethe, Johann Wolfgang: Faust. Der Tragödie erster Teil (1808). In: Goethes Werke 3. Dramatische Dichtungen I. S. 20 – 145. Zitat S. 20.

[39] Velikovsky 1978, S. 341.

dem christlichen Philosophen Jean Guitton (1901–1999) geführt haben:

IGOR BOGDANOV: [...] Foucault [hängt] einen sehr schweren Stein an ein langes Seil, dessen Ende am Gewölbe des Pantheon befestigt ist. [Der Pantheon ist die Kathedrale Ste. Geneviève, U. v. S.]. Damit verfügt unser Experimentator über ein sehr großes Pendel, welches an einem Frühlingsmorgen in Bewegung gesetzt wird. Und genau hier beginnt das Rätsel. Zu seiner großen Verwunderung stellt Foucault nämlich fest, dass die Schwingungsebene seines Pendels – das heißt die Richtung seines Hin und Her – nicht fix ist. Sie dreht sich um eine vertikale Achse. Das Pendel hatte zwar begonnen, in Ost-West-Richtung zu schwingen, verlagerte sich aber wenige Stunden später in die Nord-Süd-Richtung. Aus welchem Grund? Foucaults Antwort war einfach: Dieser Richtungswechsel war nur eine Täuschung. In Wirklichkeit drehte sich die Erde, während die Schwingungsebene des Pendels absolut fix war.

JEAN GUITTON: Fix jedoch in bezug auf was? Da im Universum alles in Bewegung ist, wo lässt sich ein bewegungsloser Anhaltspunkt finden? Die Erde dreht sich um die Sonne, die sich wiederum um den Mittelpunkt der Milchstraße bewegt ... Wo endet dieses phantastische Ballett?

IGOR BOGDANOV: Genau das ist die eigentliche Frage, die Foucaults Pendel aufwarf. Denn die Milchstraße bewegt sich zum Mittelpunkt der lokalen Gruppe der benachbarten Galaxien, die wiederum zum lokalen Superhaufen gezogen werden, das heißt zu einer noch größeren Gruppe von Galaxien. Und diese gigantische Menge von Galaxien strebt dem »Großen Attraktor« zu, einem ungeheuren Komplex massiver Galaxien, der sich in sehr großer Entfernung befindet.

Der Schluss der aus Foucaults Experiment gezogen werden muss, ist verblüffend: Gleichgültig gegenüber den – indes beträchtlichen – Massen, die Sonnen und nahe Galaxien darstellen, richtet sich die Schwingungsebene des Pendels nach Himmelskörpern, die in schwindelerregender Entfernung von der Erde am Horizont des Universums liegen. Insofern sich die Totalität der sichtbaren Masse des Universums in den Milliarden ferner Galaxien befindet, bedeutet das, dass das Verhalten des Pendels vom Universum in seiner Gesamtheit bestimmt wird und nicht nur von den Himmelskörpern, die sich in Erdnähe befinden.

Anders gesagt, wenn ich dieses simple Glas auf dem Tisch hier hochhebe, bringe ich Kräfte ins Spiel, die das gesamte Universum involvieren: Alles, was auf unserem winzigen Planeten geschieht, steht in Beziehung zur Unermeßlichkeit des Kosmos, als trüge jeder einzelne Teil die Totalität des Universums in sich. Mit dem Foucaultschen Pendel müssen wir also zugeben, dass zwischen allen Atomen des Universums eine geheimnisvolle Wechselwirkung besteht, die weder einen Energieaustausch noch irgendeine Kraft [bekannte Kraft, U. v. S.] ins Spiel bringt und dennoch das Universum zu einer einzigen Totalität verknüpft.

JEAN GUITTON: Alles sieht so aus, als ob eine Art »Bewusstsein« eine Verknüpfung zwischen jedem Atom des Universums herstellte.[40]

Mit diesen Gedanken im Sinn wollen wir uns dem Phänomen Wasser zuwenden.

Zunächst einige allgemeine Informationen: Wasser besteht aus Wasserstoff und Sauerstoff, und zwar aus drei Bestandteilen:

$$\mathbf{H_3O^+ / H_2O / H_1O^-}$$

Es ist ein fest zusammengefügtes Stoffgemisch, die Grundgleichung in Bezug auf die chemische Zusammensetzung lautet: H_2O. Aus bisher noch unerforschtem Grund ist jedes ca. 50-millionste Wassermolekül gespalten.

Wasser ist das einzige Element, das in allen drei möglichen Aggregatzuständen vorkommt, in flüssiger, fester und gasförmiger Form. Darüber hinaus gibt es Wasserstoffbrücken, die eine Clusterbildung fördern (Haufenbildung, ähnlich wie sich auch Sternensysteme zu Clustern zusammengeordnet haben und in besonderer Beziehung zueinander stehen). Diese Clusterstrukturen kann man ebenfalls als eigenständigen Aggregatzustand ansehen; sie bilden wassertypische Verhaltensweisen, die wir hier untersuchen wollen.

[40] Guitton / Bogdanov 1998, S. 139 – 141.

Durch elektromagnetische Einflüsse und Druckbelastungen sind die Clusterstrukturen veränderbar. Ein Cluster kann aus Hunderten oder Tausenden von H_2O-Molekülen bestehen. Diese Moleküle wiederum besitzen »V-Arme«, mit deren Hilfe Informationen in Form von energetischen Einflüssen aufgenommen werden.

Die Clusterbildung ist ein Idealzustand für sauberes, d.h. chemisch reines und ausreichend bewegtes Wasser. Wie bei allen anderen Elementen bzw. Molekülen bestehen die kleinsten Teilchen aus Protonen, Neutronen und Elektronen, die stets in Bewegung sind. Deren Schwingungspotenzial und somit deren Wellenlängen im Wasser können elektromagnetisch gemessen werden. Auf diesem Wege lässt sich das Schwingungsspektrum einer bestimmten Wasserprobe und damit deren Qualität bestimmen.

Dadurch, dass Wasser bei +4 °C (chemisch reines Wasser auf Meeresspiegel-Niveau) seine größte Dichte und Masse (= Gewicht) besitzt, werden – bedingt durch die sich ständig ändernden Luft- und Wassertemperaturen – die Wasserschichten in den Meeren, Seen und Flüssen, aber auch in Brunnen stetig auf- und abbewegt, d.h. durchgemischt. So bleibt das Wasser ständig in Bewegung und verbrackt nicht. Nur bewegtes Wasser kann eine hohe Qualität oder, präziser ausgedrückt, Trinkwasser-Qualität haben. Natürlich belassene Flussläufe, die sich unbegradigt, d.h. nicht eingedeicht, durch die Landschaft schlängeln (mäandrieren), sind aufgrund der Verwirbelungen und Strudelbildungen besonders wertvoll für die Wasserqualität. Dies hat der österreichische Naturkundler und Erfinder Viktor Schauberger (1885–1958) bereits Anfang des vergangenen Jahrhunderts in seiner empirisch-intuitiven Wasserforschung festgestellt.

Diese Wasser-Bewegungen/-Verwirbelungen verbessern und erhalten auch die Trag- und Schleppkraft des Wassers. Sie sorgen gleichzeitig für eine fortwährende Anreicherung mit Sauerstoff. Die Sauerstoffzufuhr wird auch durch den Einfluss der Sonnenenergie gewährleistet: Täglich steigen ca. 1000 Kubikkilometer (km^3) Wasser – etwa 1000 Milliarden Tonnen – durch Verdunstung in die Atmosphäre auf, um dann als Regen etc. wieder auf die Erdoberfläche zu gelangen.

Wir sehen, durch den natürlichen Kreislauf ist eigentlich eine stets gute Wasserqualität gewährleistet – sofern der Mensch diesen Kreislauf nicht negativ beeinträchtigt.

Das vom Menschen verwendete Trinkwasser stammt aus Quellen und Oberflächengewässern – aus Seen, Flüssen und Talsperren/Stauseen. Der größte Teil des Trinkwassers (60 %) wird jedoch immer noch dem Grundwasser entnommen, vorwiegend durch Brunnen.

Nach diesen allgemeinen Informationen kommen wir nun zu den besonderen Eigenschaften des Wassers. In den letzten Jahren wurden die Strukturen und Fähigkeiten des Wassers wissenschaftlich untersucht. Dabei wurde festgestellt: Wasser ist durch die Einwirkung von Musik, Besprechen und anderen Arten der Beschallung veränderbar; es kann biologische Effekte zeigen und besitzt sogar Erinnerungsvermögen.

In der Zeitschrift »Erwachet!«, Heft 21/2005, las ich vor einiger Zeit einen Artikel, der sich mit dem Trinkwasser beschäftigt, er lautet: »Wir treffen uns dann am Brunnen«. Der Artikel spricht über das Brunnenwasser in Moldawien, nordwestlich des Schwarzen Meeres. Brunnen sind für die dortige Bevölkerung mehr als nur Wasserstellen. In vielen moldawischen Dörfern ist der Brunnen der Ort, an dem man nach Feierabend zusammenkommt, um sich auszutauschen und die Ereignisse des Tages zu besprechen. Es gibt sogar Hochzeitsbräuche in Verbindung mit den Brunnen. Der Respekt vor dem Wasser (und der Wasserstelle) wird traditionell groß geschrieben: Es gilt beispielsweise als unmanierlich, die Umgebung des Brunnens zu verunreinigen. »Die Tradition verbietet sogar, sich in der Nähe eines Brunnens zu streiten!«[41]

Diese letzte Aussage machte mich zunächst einmal stutzig. Respekt vor dem Wasser ist allgemein verständlich, aber warum sollte man in der Nähe des Brunnens nicht streiten dürfen?

Der Japaner Masaru Emoto (* 1943) ist einer der Wissenschaftler, die sich mit dem Studium des Wassers respektive dessen Beeinflussbarkeit beschäftigen. Seine Arbeit fußt auf dem vom Biochemiker Lee Lorenzen entwickelten informationsspeicherungsfähigen »Mikrocluster-Wasser«. Emoto fand heraus, dass Wasser in gefrorenem Zustand unter dem Mikroskop eine deutlichere Aussagekraft besitzt. So ist der Vorgang interessant, geschmolzene Eiskristalle oder, klarer ausgedrückt, Eiskristalle, die gerade im Begriff sind,

---

[41] »Wir treffen uns dann am Brunnen«, S. 27.

in die flüssige Form zurückzukehren, zu beobachten: Sie bilden dabei eine Form, »die exakt wie das chinesische Schriftzeichen für Wasser aussieht.«[42] Ob es sich hierbei um Zufall handelt oder ob die Chinesen in vorchristlicher Zeit das Wasser untersucht und daraus das Schriftzeichen für Wasser abgeleitet haben, ist nicht bekannt.

»Der Wasserkristall [also das gefrorene Wassermolekül] ist das Gesicht des Wassers«[43], schreibt Emoto in seinem Buch »Die Botschaft des Wassers« (1999). Für seine Experimente wählte er destilliertes Wasser als Basis, weil es eine einfache Kristallstruktur und die geringste Verunreinigung aufweist. Mit oben angesprochenem Verfahren wurde Wasser, das mit einer Mozartsinfonie (Nr. 40 in g-Moll) bespielt worden war, untersucht. Emoto kommentiert das Resultat:

> Diese Sinfonie ist ein beseeltes Lied, das mehr als jedes andere Stück Mozarts der Schönheit nachgeht. Eine tiefgründige Komposition, die wie ein Gebet an die Schönheit wirkt. Diese Musik heilt das Herz des Zuhörers sanft. Der [ausgebildete] Kristall ist derart schön und anmutig, dass es scheint, als spräche er für die Gefühle des Komponisten.[44]

Der Leser mag schon die Abbildung eines wohlgeformten Schneeflockenkristalls gesehen haben, doch die Gestalt dieses Kristalls ist einmalig! Sechseckig wie ein Schneeflockenkristall, aber formvollendet in seinen Verästelungen und harmonisch in seiner Struktur.

Ähnliche Ergebnisse erzielte er beim Besprechen des Wassers mit ›guten‹ Worten wie »Güte«, »Liebe« o. ä. – und dies erstaunlicherweise in allen Sprachen! Es war immer eine positive Reaktion in der Ausbildung der untersuchten Kristalle zu sehen. Genau der gegenteilige Effekt trat ein, wenn man das Wasser beschimpfte, z. B. mit Sätzen wie »Du machst mich krank« oder sonstigen Schimpfwörtern. Dann entstanden völlig deformierte, unansehnliche Strukturen. Bei Bespielung mit Heavy Metal-Musik wurde die Sechseckstruktur in Stücke zerbrochen.

---

[42] Emoto 2002, S. 11.
[43] Ebd., S. 12.
[44] Ebd., S. 75.

Die Fähigkeit des Wassers, Informationen aufzunehmen, hat sich die (alternative) Medizin schon längst zunutze gemacht. Die »Bach-Blütentherapie«, begründet vom englischen Arzt Edward Bach (1886–1936), gibt es beispielsweise seit den 30er Jahren des vorigen Jahrhunderts. Obwohl man den Hintergrund nicht kannte, ist dieses Heilverfahren vielfach und mit Erfolg zum Einsatz gekommen: Ätherische Öle von Pflanzen werden in Wasser gegeben; die Anwendung dieses Wassers zeigt eine heilende Wirkung. Selbst wenn extrem stark verdünnte Flüssigkeiten gemäß der etablierten Molekulartheorie keine Wirksamkeit mehr besitzen können, weil die Beigabe theoretisch ausgeschwemmt sein muss, zeigt die untersuchte Wasserprobe eindeutig die Informationsaufnahme der zuvor beigegebenen Heilpflanzenstruktur. So kann man neueren Untersuchungen zufolge bei Zugabe von Kamillen- oder Fenchel-Extrakt sogar nach völligem Auswaschen deutlich das Kristallbild der Kamillenblüte bzw. Fenchelblüte/-staude im Eiskristall der entsprechenden Wasserprobe erkennen. Es ist unstrittig, dass die Information auf das Wasser übertragen wurde.

Wie ist das zu erklären? Auch dieses Phänomen hat mit der Clusterbildung zu tun. Durch diese wird die Wirksamkeit des Wassers angeregt und erhöht, auch seine Merkfähigkeit ist darauf zurückzuführen. Es entsteht eine computerartige Verarbeitungsfähigkeit auf Grundlage von zahlentheoretischen Verknüpfungen bzw. Verankerungen, die durch eine Primzahlencodierung gesteuert werden. Durch Überlagerung von Wellen mit gleich ausgerichteten Schwingungen und entsprechender Schwingungsüberlagerung in vier Richtungen entwickeln sich elektromagnetische Felder. Diese Felder bilden die Cluster, zusammenhängende Gebilde. Sie sind wiederum in der Lage, Schwingungen von anderen Substanzen (oder durch Besprechen hervorgerufene Wellen) mit aufzunehmen und festzuhalten, sodass eine Gesamteinheit des Schwingungsspektrums gebildet wird. Auf diese Weise fungieren die Cluster als Informationsträger, die über lange Zeiträume hinweg diese Informationen festhalten bzw. speichern.

Der Wissenschaftler und Atemtherapeut Marco Bischof (* 1947) bestätigt in seinem Buch »Biophotonen« (1995) die Gedächtnisfähigkeit des Wassers. Er schreibt auszugsweise:

Frühere Einflüsse und eigene Zustände bleiben in ihm noch überraschend lange Zeit gespeichert, was als Grundlage dafür anzusehen ist, dass es als Hochpotenz die Schwingungen des Wirkstoffes auch dann noch bewahren kann, wenn die Moleküle selbst längst herausverdünnt sind. Für eine Gedächtnisfunktion sprechen auch die Versuche der französischen Pharmazeutin C. Luu. Sie beobachtete eine bestimmte Spektrallinie von Alkohol unter dem Einfluss eines gelösten Stoffes (Bryonia). Dabei stellte sie fest, dass sich die Spektrallinie verändert, wenn man die Konzentration von Bryonia verändert. Erwartungsgemäß wurde sie mit ansteigender Potenzierung von Bryonia schmaler; von einer bestimmten Potenz an wurde sie aber überraschend wieder breiter und war auch dann noch feststellbar, wenn rechnerisch überhaupt kein Molekül von Bryonia mehr in der Lösung vorhanden war, so auch noch bei D 60, das heißt bei sechzigmaliger Verdünnung im Verhältnis $1:9^{10}$. Bei der vierundzwanzigsten Dezimalverdünnung D 24 liegt etwa die Grenze, von der an in der Lösung kein einziges Atom der Wirksubstanz mehr vorhanden ist.[45]

Hier sei angemerkt: Die Bryonia ist die gewöhnliche Zaunrübe, die fast überall an Zäunen, Baum- und Strauchwerk anzutreffen ist, zumindest in Deutschland und Mitteleuropa. Bereits in der Bach-Blütentherapie fand sie Verwendung. Sie ist ein wirksames Mittel bei Nervosität, Beklemmung, Kreislaufschwäche und anderen Krankheitssymptomen.

Es gibt noch viele weitere Beweise, die zeigen, dass das Wasser in Bezug auf Beeinflussungen, die man sich zunutze machen kann, verblüffende Fähigkeiten aufweist. Emoto hat sogar festgestellt, dass Wasser auch auf Wörter reagiert, die man auf einen Zettel schreibt und dann auf den Behälter klebt, in dem sich das Wasser befindet. Man kann dem Wasser auch Namen von Personen ›mitteilen‹ und dann die Reaktion beobachten – diese lässt sogar Rückschlüsse auf die Charaktereigenschaften der jeweiligen Person zu.

Eine einmal gespeicherte Information bleibt erhalten; auch wenn sie gegenüber neu hinzukommenden Informationen in den Hintergrund tritt, ist sie immer wieder entnehmbar. Die Gesamtheit der Informationen bestimmt die Qualität des Wassers im Wesentlichen mit – es kann aufgrund dessen sowohl einen positiven als auch einen schädigenden Einfluss haben. Die moldawische Tradition,

---

[45] Bischof 2001, S. 310f.

am Brunnen nicht zu streiten, macht also durchaus Sinn und ist zur Nachahmung empfohlen. Wenn wir demnächst zu Tisch sitzen und neben einem schmackhaften Mittagessen ein Wasserkrug auf dem Tisch steht, sollten wir daran denken, ›gutartige‹ Gespräche zu führen, damit das Wasser einen ebenso guten Einfluss auf unser körperliches wie geistiges Wohl nehmen kann!

Bedenken wir nun noch, dass der Mensch zu zwei Dritteln aus Wasser besteht und dieses körpereigene Wasser, bei allen Unterschieden gegenüber dem Trinkwasser, ebenfalls als Speichermedium für Umwelteinwirkungen oder als Körpergedächtnis, d. h. dauerhafte Einschreibung von Eindrücken, Empfindungen etc., fungiert, so sollte uns dies umso mehr anspornen, Streit, Lärm und ähnliche negative Einflüsse zu meiden.

Emoto führt zur Erklärung dieser Effekte den Begriff »Hado« ein. Er bezeichnet die schwache Strahlung, welche von den um den Atomkern kreisenden Elektronen ausgeht:

> HADO bewegt sich mit höchster Geschwindigkeit durch die Elektronen, die elektrisch aneinander ziehen. Diese Bewegungen formen Muster (magnetische Resonanzfelder), die sich nie gleichen. Dies wird in der modernen Wissenschaft ›Chaos‹ genannt. Auf der Ebene der Atomkerne herrschen Gesetzmäßigkeiten, aber bei den Elementarteilchen innerhalb der Atome gibt es der modernen Wissenschaft zufolge keine Gesetzmäßigkeiten mehr. Vielmehr verändert sich das Verhalten der Elementarteilchen mit der Betrachtung des Beobachters, je nachdem, wie er die Dinge sieht. Die Welt der Neutrinos ist auf der gleichen Bewusstseinsstufe wie die der Menschen. Deshalb hängt die tiefste Ebene der Dinge vom Bewusstsein der Menschen ab.[46]

Ist die Ursache für diese ›Wasser-Phänomene‹ also im Bereich der letzten Materie-Teilchen zu suchen, der Hadronen, Quarks etc.? Sie sollen die ›Antriebskraft‹ sein, welche die Kernbauteilchen – die Protonen, Neutronen und Elektronen – ständig in Bewegung hält. Doch bislang konnte man lediglich energetische Ereignisse unter dem Mikroskop nachweisen.[47] Mit den Kernbauteilchen in

---

[46] Emoto 2002, S. 113.

[47] Die Elementarteilchen, Mesonen genannt, die bei energiereichen Zusammenstößen von Nukleonen entstehen und in Leptonen und Photonen zerfallen, gehören in diesen Bereich und sind ebenfalls instabil.

direktem Zusammenhang stehen die elektromagnetischen Felder. Sie erzeugen die Wechselwirkungen und Verbindungen der einzelnen Elemente und die daraus resultierenden Schwingungen (die mit den körpereigenen Schwingungen des Lebewesens, ob Mensch oder Tier, korrespondieren – wie, ist noch unerforscht). Diese Erkenntnis sagt hingegen noch nichts über die grundlegende Antriebskraft aus.

Schon die alten Inder und Griechen glaubten an eine den Raum erfüllende Substanz oder Energie, die allem Stofflichen innewohnt. Eine andere grundlegende Antriebskraft ist nach dem derzeitigen Wissensstand der Physik sowie auch der Quantenmechanik nicht denkbar. Wir werden noch einmal darauf zurückkommen!

6. Wellen und ihre Wirksamkeit

Für die Einwirkungen auf das Wasser sind Schwingungsfelder verantwortlich; wir können davon ausgehen, dass dies auch bei Experimenten mit Licht oder Schall festzustellen ist! Einige Beispiele:

Seit Mitte des vergangenen Jahrhunderts ist die beeinflussende Wirkung von elektromagnetischen Feldern und von Beschallung gesichert. Bestimmt hat jeder schon einmal davon gehört, dass Kühe, denen man eine bestimmte Art von Musik vorspielt, mehr Milch als gewöhnlich geben. Bischof berichtet von verblüffenden Ergebnissen, die hinsichtlich der Ertragssteigerung besonders im landwirtschaftlichen Bereich erzielt worden sind: Schallschwingungen mit hohen Frequenzen (ca. 5000 Hz) haben das Wachstum von Weizen derart beschleunigt, dass früher und ertragreicher geerntet werden konnte, und bewirkt, dass die Pflanzen resistenter gegen Frost wurden.

Weitere Versuche mit täglicher, nur wenige Minuten langer Beschallung von Pflanzen zeigten die gleichen Resultate. Zum Einsatz kamen Hochfrequenz-Konzerte und auch Naturstimmen (Vogelgesang u. ä.). Die Spaltöffnungen der Pflanzen wurden beeinflusst, die Nährstoffaufnahme gesteigert, das Wachstum und die Reifezeit sowie der Ertrag gefördert. Etliche dieser Riesenerträge stehen sogar, mit Hinweis auf die Ursache, im Guinness-Buch der Rekorde.

Resümierend ist festzustellen, dass durch ein entsprechend positives oder – wenn man so will – ›gutes‹ Klangumfeld sehr viel zum Wohl von Mensch, Tier und Pflanze beigetragen werden kann.

Materieteilchen sind durch Wellenkonfigurationen miteinander verknüpft. Ein faszinierender Beleg für diese Tatsache ist das Hologramm bzw. die Holografie. In der herkömmlichen Fotografie wird von einem räumlichen Gegenstand nur das Bild in einer Ebene reproduziert. Die übrigen Ebenen des räumlichen Bildes werden bloß perspektivisch verschoben und die Rückseite gar nicht wiedergegeben. Will man alle Seiten des räumlichen Gegenstandes zeigen, so müssten alle vier Seiten fotografisch festgehalten werden. Dank der Kohärenz des Laserlichtes vermag eine Holografie, den gesamten dreidimensionalen Gegenstand als virtuelles Bild im Raum darzustellen. Die vom räumlichen Gegenstand über

Referenzwellen aufgenommene Information wird reproduziert, wenn diese ebenen Wellen das Hologramm wieder durchstrahlen. Das Bild entsteht also, wenn ein Laserstrahl die Platte durchdringt, auf welcher der Gegenstand fotografiert worden ist. Man kann um dieses täuschend echt wirkende Bild herumgehen, es von allen Seiten in Augenschein nehmen und auch alle ›Einzelheiten‹ erkennen, die zum abgebildeten Gegenstand gehören.[48] Erst wenn der Betrachter den Finger in das so wiedergegebene Objekt hineinsteckt, stellt er fest, dass es nur ein Bild und kein realer Gegenstand ist.

Würden wir nun Michael Schumachers Ferrari fotografieren, das entwickelte Negativ entzweireißen und von der einen Hälfte des Negativs einen Abzug machen, so würden wir natürlich nur eine Hälfte des ursprünglichen Ferrari-Bildes erhalten. Beim holografischen Bild ändert sich das! So fantastisch es uns erscheinen mag: Reißt man vom holografischen Negativ ein Stück ab und erstellt von diesem Stück mittels eines Laserprojektors ein Hologramm, so erscheint nicht nur der Teil des Ferraris, der auf dem zugrunde liegenden abgerissenen Negativstück zu sehen ist, sondern das ganze Auto! Durch die Wellenkonfigurationen ist ein Speicherbild entstanden. Die Totalität des Bildes bleibt selbst dann erhalten, wenn man das Negativ zerfetzt und den Versuch mit einem winzigen Schnipsel wiederholt!

Man könnte zahlreiche Beispiele als Beleg anbringen, dass mit aller Materie auch Wellen in Verbindung stehen – elektromagnetische, Schall- oder Gravitationswellen. Ein populäres Beispiel sei zur Verdeutlichung noch angeführt: »Feng Shui«!

Wir sind, physikalisch betrachtet, Energiewesen. Alles, was uns umgibt, besteht ebenfalls aus Energie und gibt diese wellenförmig ab. Diese elektromagnetischen Felder und Ströme wurden in ihren Wirkungen im asiatischen Raum, vor allem in China, bereits in vorchristlicher Zeit beobachtet. Die Beobachtungen mündeten dann in die Philosophie/Baupraxis Feng Shui, was »Wind« und »Wasser« bedeutet. »Chi« – der »kosmische Atem«, am ehesten mit »Geist« oder »Lebenskraft« zu übersetzen – stellt die Basis

---

[48] Das geht sogar so weit, dass im holografischen Bild eines Regentropfens unter dem Mikroskop die im ursprünglichen Tropfen vorkommenden Mikroorganismen wiederzuerkennen sind.

von Feng Shui dar.[49] Diese alles belebende und formende Energie ist allgegenwärtig, fließt durch Landschaften, Gebäude, Lebewesen und jede Zelle. Ein frei strömendes Chi im Lebensbereich des Menschen ist Voraussetzung für dessen Wohlbefinden. Die Position der Möbel im Zimmer, die Stellung des Hauses zu den Verkehrsflächen/Straßen etc. kann diesen Energiefluss fördern – oder eben auch behindern. Ziel des Feng Shui ist es, die Bewegung des Chi zu steigern, indem man die den Energiestrom behindernden antagonistischen Kräfte »Yin« (weiblich) und »Yang« (männlich), die im Ur-Chi noch vermischt waren, in Balance bringt. Die größten Energieströme gelangen durch die ›Öffnungen‹ des Hauses – Fenster und Tür, d. h. Lichtpforten/Augen und Energieschleuse/Mund. Daher berücksichtigt eine Feng Shui-Analyse zunächst die Lage des Gebäudes, dann die Gestaltung des Wohnraumes, seine Belichtung, die Farbgebung der einzelnen Gegenstände usw. Erst wenn das Umfeld in Bezug auf Yin und Yang ausgewogen ist, nimmt die Entwicklung des Menschen längerfristig einen glücklichen Verlauf, denn er absorbiert diese günstige Chi-Energie, leitet sie über die Meridiane an seine Energiezentren (Chakren) weiter und harmonisiert so den inneren Chi-Kreislauf, bringt also die Yin/Yang-Kräfte seines Körpers in ihren natürlichen, ausgeglichenen Zustand. Das kann ungeahnte Auswirkungen auf Gesundheit, beruflichen Erfolg oder partnerschaftliche Beziehungen haben.

Mit kleinen Veränderungen erreicht man zuweilen schon eine merkliche Steigerung des Wohlbefindens: Wenn jemand den Eindruck hat, dass in einem bestimmten Raum zu viele Energieflüsse vorhanden sind, hilft meist ein einfaches Windspiel oder Mobile, welches man an der Zimmerdecke, möglichst im Einflussbereich von Türen, aufhängt – dadurch lassen sich Energieströme neutralisieren. Am Arbeitsplatz kann man Konzentrationsmangel und nachlassender Leistungsfähigkeit mit einer metallenen DNS-Spirale begegnen – sie vermag den Geist zu beleben. Es gibt viele innenarchitektonische Maßnahmen, um sein Umfeld so zu gestalten, dass mehr Freude und Lebensmut entsteht. Anregungen findet man in den zahlreichen Ratgebern, die im Buchhandel erhältlich sind.

---

[49] Emoto gebraucht für diese Energieform das Synonym »Hado«, andere Kulturen nennen sie »Lung«, »Mana«, »Pneuma« oder »Prana«. Alternative Schreibweisen von Chi sind »Qì«, »Ki«, »Gi«.

Es ist stets alles in Bewegung und Wandlungen unterworfen, wie schon der griechische Philosoph Heraklit (ca. 540–480 v.u.Z.) gesagt hat: panta rhei – alles fließt!

Wir sehen, unsere Umgebung und auch wir selbst sind ein Spiel der Wellen. Es ist daher sinnvoll, einmal zu definieren, was Wellen eigentlich sind und wie sie entstehen. Wir beschränken die Ausführungen auf die elektromagnetischen Wellen. Sie entstehen bekanntlich dadurch, dass ein Masseteilchen zum Schwingen gebracht wird.

Wenn man von »Wellen« spricht, so denkt man gewöhnlich an »Meer«. Solche ›Wasser-Wellen‹, die durch den Wind bzw. die Meeresbewegung entstehen, können alle möglichen Formen und Figuren annehmen – im Gegensatz zu elektromagnetischen Wellen. Diese haben, abhängig von der Wellenkategorie, ganz bestimmte Formen und Verläufe. Eine Gemeinsamkeit liegt allen elektromagnetischen Wellen zugrunde: Sie haben alle die gleiche Geschwindigkeit, nämlich 300 000 km/s, auch das sichtbare Licht, und zwar in Form einer Sinus-Schwingung.

Die Frequenzen, d.h. die Schwingungszahlen der Wellen, sind unterschiedlich, demzufolge auch die Wellenlängen. Die Länge der Wellen hängt von der Schwingungszahl pro Sekunde ab. Schwingt z.B. ein Elektron einmal in der Sekunde hin und her, so entsteht eine Welle mit einer Länge von 300 000 km. Wärme bringt das Elektron zum Schwingen; je mehr Wärme zur Verfügung steht, desto schneller schwingt das Elektron. Es kann mehrere Billionen Mal in der Sekunde schwingen, entsprechend kürzer sind dann die Wellenlängen. Bei so hochfrequenten Schwingungen wird es für den Menschen gefährlich, wenn er sich ihnen aussetzt. Hochfrequente Wellen können sogar Elektronen, also Masseteilchen, aus Gegenständen herausschlagen. So weiß z.B. jede Hausfrau, dass man keine Metallgegenstände in die Mikrowelle stellen darf, weil es sonst fürchterlich knallt.

Die Frequenz wird nach dem deutschen Physiker Heinrich Rudolf Hertz (1857–1894) eingeteilt: Eine Schwingung pro Sekunde ist ein Hertz (Hz); 1000 Schwingungen pro Sekunde sind ein Kilohertz (kHz). Ist z.B. ein Radiosender mit 900 kHz angegeben, heißt das, dass die ausgestrahlten Wellen eine Frequenz von 900 000 Schwingungen pro Sekunde haben. Die Wellenlänge dieser Schwingungen ist dann die Lichtgeschwindigkeit »c« dividiert durch die Schwingungszahl bzw. Frequenz von 900 000 = 0,333 km/s oder 333 m/s. So lassen sich bei Kenntnis der jeweiligen Frequenz die Wellenlängen der einzelnen Radiostationen berechnen oder umgekehrt. Die Konstante »c«[50] bleibt immer dieselbe, nämlich 300 000 km/s.

Eine elektromagnetische Strahlung kann jede beliebige Wellenlänge haben, die Eigenschaften der Wellen ändern sich mit der Frequenz: Nimmt die Strahlung zu, so nimmt die Wellenlänge ab, die Strahlung wird dann energiereicher. Teilt man das Strahlungsspektrum nach Wellenlängen auf, erhält man (nach Asimov) die verschiedenen Bereiche:

1. Langwellen besitzen Frequenzen kleiner als 1 Hz und Wellenlängen größer als 300 000 km. Dauert eine Schwingung beispielsweise 120 Sekunden, dann ist die Wellenlänge = 300 000 : $^1/_{120}$ = 36 000 000, d. h. 36 Millionen Kilometer lang. Drei dieser Wellenlängen sind gleich der mittleren Entfernung Sonne – Venus. Darüber hinaus spricht man nur noch von Wellen. Je weiter sich eine Welle durch den Weltraum bewegt, desto mehr ebbt sie ab – die Wellenlängen werden immer größer und die Frequenzen kleiner, d. h. die Sinus-Kurve wird immer langgezogener, bis die Welle völlig abgeflacht und keine Sinus-Funktion mehr erkennbar ist. Dann haben wir es nur noch mit Strahlung zu tun (wie z. B. die sogenannte »Hintergrundstrahlung«).
2. Radiowellen umfassen an sich alle Strahlung mit Frequenzen von 1 Hz bis 1 Milliarde Hertz und mit Wellenlängen von 300 000 km bis zu 0,3 m. Das Mittelwellen-Radio hat Wellenlängen von 550 m bis zu 185 m. Fernsehwellen liegen ca. im 3-m-Bereich bis herunter zu einigen Millimetern.
3. Mikrowellen reichen von 1 Milliarde bis 100 Milliarden Hz. Die Weltraumstrahlung liegt in diesem Bereich, auch die Strahlung des Wasserstoffs.[51]

[50] »c« ist die Abkürzung des lateinischen »celeritas«, was »Schnelligkeit« bedeutet.

[51] Anmerkung: Das Universum besteht nach derzeitigem Kenntnisstand zu ca. 70 % aus Wasserstoff.

4. Infrarotstrahlung hat Frequenzen von 100 Milliarden bis 100 Billionen Hz. Die Wellenlängen werden in Mikrometern (µm) gemessen, 10^{-6} m.
5. Licht ist knapp unterhalb der Billiardengrenze anzuordnen, mit Wellenlängen von 0,76 bis 0,38 Nanometern (nm), 10^{-9} m. In diesem Bereich entstehen auch die Farben des gesamten Farbspektrums.
6. Ultraviolettstrahlen reichen von 1 Billiarde bis 100 Billiarden Hz.
7. Röntgenstrahlen beginnen ab 100 Billiarden Hz.
8. Gammastrahlen weisen 1 000-mal höheren Frequenzen auf als die Röntgenstrahlung.

Theoretisch sind die Trennungslinien zwischen den einzelnen Strahlungsarten, insbesondere zwischen hochfrequenten Röntgenstrahlen und Gammastrahlen, nicht mehr scharf abzugrenzen. Die Bezeichnungen können je nach Verwendungszweck differieren; so könnte man bei gleicher Strahlungsintensität sowohl von Röntgen- als auch von Kernstrahlung sprechen. Teilt man (nach Asimov) das gesamte elektromagnetische Strahlungsspektrum in Oktaven ein, so macht das sichtbare Licht gerade einmal $^1/_{81}$ der gesamten Skala aus, also eine einzige Oktave. Schallwellen hingegen haben nicht immer die gleiche Geschwindigkeit, da die Schallgeschwindigkeit vom Ausbreitungsmedium abhängt: Bei Luft beträgt sie 340 m/s, bei Wasser 1440 m/s, bei Stahl 5050 m/s (alle Messungen bei Zimmertemperatur). Wir kommen später noch auf den Schall und seinen Aufbau zurück.

Soviel zunächst einmal über Wellen und ihre Funktionalität. Wir werden uns im nächsten Kapitel mit dem Aufbau von Wellen aus mathematischer Sicht beschäftigen und aufschlussreiche Zusammenhänge zwischen Mathematik und Physik – vor allem Wellentheorie – aufzeigen. Dazu ist es notwendig, einiges über Mathematik, d. h. über Zahlen, ihre Zuordnungen etc., vorauszuschicken. Nach diesem kleinen Exkurs werden wir uns wieder dem Aufbau der elektromagnetischen Wellen zuwenden.

7. Primzahlen und Naturkonstanten

Die Mathematik ist eng mit den Naturwissenschaften verbunden, denn Physik, Chemie, Biologie u. a. basieren auf mathematischen Gesetzen. Daher erscheint es für das Verständnis der skizzierten Zusammenhänge sinnvoll, diese Gesetzmäßigkeiten einmal aufzuzeigen und gegebenenfalls zu ergänzen.

Beschäftigen wir uns zunächst mit den Zahlen. Es gibt drei grundlegende Möglichkeiten, Zahlen anzuordnen: linear, dreieckig, kreisförmig.[52] Diese Anordnungsarten bauen jeweils auf einer der ersten drei Zahlen auf: der »1«, der »2«, der »3«! Wir beginnen mit der linearen Anordnung und zeichnen eine Gerade:

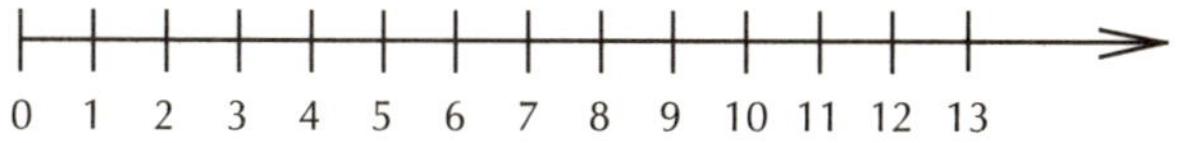

Zahlenstrahl

(Im Altertum gab es weder die Null noch die negativen Zahlen)

Diese Zahlenreihe geht bis unendlich, da sich zu jeder Zahl immer noch eine 1 addieren lässt. Aus diesem Grund beruht die lineare Zahlenanordnung auf der Zahl 1, anders ausgedrückt, auf dem Anfangsglied 1!

Die Zahlen kann man in gerade und ungerade Zahlen aufteilen, deren Ketten ebenfalls ins Unendliche gehen. Die geraden Zahlen sind zumindest durch 2 ohne Rest teilbar, z. B. 2, 4, 6, 8, 10, 12 usw. In obiger Reihe sind aber auch zwei Zahlen enthalten, die durch 3 teilbar sind, die 6 und die 12. Wenn wir eine durch 3 teilbare Reihe aufschreiben, erhalten wir 3, 6, 9, 12 usw. Jetzt erscheinen 6 und 12 in beiden vorgenannten Reihen. Welcher Reihe sollten sie zugeordnet werden, wenn man diesbezüglich eine Entscheidung treffen müsste? Und wie steht es mit weiteren Reihenanordnungen?

[52] Neben diesen grundlegenden gibt es an sich beliebig viele Anordnungsmöglichkeiten, insbesondere solche, die sich aus Kegelschnitten ergeben – Ellipsen, Parabeln, Hyperbeln usw. Diese bleiben im Folgenden jedoch unberücksichtigt.

Auf eine besondere Zahlenreihe sei hier aufmerksam gemacht: Es ist die Reihe der Zahlen, die nur durch sich selbst und durch 1 teilbar sind, also 1, 2, 3, 5, 7, 11, 13, 17, 19, 23 usw. bis unendlich. Man nennt sie »Primzahlen«, abgeleitet von »numerus primus«, im Plural »erste Zahlen«, d. h. erste Zahlen in Bezug auf Rang und Bedeutung. Die in diesem Sinne bedeutsamsten ersten Zahlen sind die 1, die 2 und die 3!. Weil sie den ›Dreh- und Angelpunkt‹ vieler mathematischer Gesetzmäßigkeiten bilden, könnte man diese ersten drei Zahlen auch als »Kardinalzahlen« bezeichnen (das lateinische »cardo« bedeutet »Türangel«).

Über die Zuordnung der 1 zur Reihe der Primzahlen herrscht nach wie vor Dissens. Ein Teil der Mathematiker erkennt sie als Primzahl an, ein anderer lehnt sie ab. Letztere Auffassung wird mehrheitlich favorisiert, obwohl sie falsch ist, wie wir sowohl im mathematischen als auch im physikalischen Bereich noch sehen werden. Um die 2 hat es in der Vergangenheit ähnliche Meinungsverschiedenheiten gegeben; hier hat sich aber richtigerweise die Anerkennung als Primzahl durchgesetzt. Als Beleg für diese Problematik möchte ich nun einige Publikationen anführen:

Im »Handbuch Mathematik« (1997), einem allgemein gebräuchlichen Werk von Wolfgang Scholl und Rainer Drews, wird die 1 nicht als Primzahl gewertet. Es wird Bezug auf das sogenannte »Sieb des Eratosthenes«[53] genommen, eines Mathematikers und Geografen im antiken Griechenland. Bei Eratosthenes (ca. 275–195 v. u. Z.) wurde die 1 wie auch die 2 (weil diese geradzahlig ist) als Primzahl gestrichen. Allerdings hatte Euklid von Alexandria (ca. 365–300 v. u. Z.) die 2 bereits in »Die Elemente« (ca. 325 v. u. Z.) als Primzahl anerkannt, ähnlich verfuhren weitere vorchristliche Mathematiker. So hat im Sieb des Eratosthenes letztlich die 2 als Primzahl Eingang gefunden (nicht aber die 1). Das Sieb des Eratosthenes kann man übrigens in den meisten Mathematikbüchern als Schaubild betrachten, sodass ich mir an dieser Stelle die entsprechende Darstellung spare.

In einem weiteren »Handbuch Mathematik« (2003), diesmal von Heinrich Hemme, wird die 1 ebenfalls nicht als Primzahl gewertet:

---

[53] Es handelt sich hierbei um einen Algorithmus, mit dessen Hilfe man in der Reihe der natürlichen Zahlen alle Primzahlen ›aussieben‹, d. h. auffinden, kann.

> Alle natürlichen Zahlen, die größer als 1 und die keine echten Teiler haben, werden Primzahlen genannt. Die fünf kleinsten Primzahlen sind 2, 3, 5, 7 und 11. Eine größte Primzahl gibt es nicht, das heißt, es gibt unendlich viele Primzahlen. Im folgenden sind alle Primzahlen unter 200 aufgelistet.[54]

Und dann fährt der Autor fort mit 2, 3, 5, 7, 11, 13, 17, 19, 23, 29 usw. bis 199. Die 1 wird von vorneherein ignoriert, dabei ist sie diejenige Zahl, auf der alle Zahlen und Zahlensysteme aufgebaut sind! Zudem erfüllt sie die Voraussetzungen für die Zuordnung zur Reihe der Primzahlen: Sie ist nur durch sich selbst und durch 1 teilbar!

Nun ziehe ich erneut den »Brockhaus« zu Rate: »Primzahlen, Wurzel natürlicher Zahlen, die nur durch 1 und sich selbst teilbar sind, z.B. 2, 3, 5, 7, 11, 13.«[55] Offiziell ist die 1 also keine Primzahl. Dabei gibt es keinen triftigen Grund, der gegen die 1 als Primzahl spricht. Es handelt sich hier lediglich um eine Festlegung!

In einem von mir konsultierten Werk wird die 1 jedoch als Primzahl anerkannt. Es ist das Buch »Die Macht der Zahl – Grundlagen der Mathematik« (o. J.), geschrieben von Dudley Sackett und herausgegeben von einem Kuratorium, dem eine ganze Reihe hochtitulierter Mathematiker und Naturwissenschaftler angehört, u. a. zwei Nobelpreisträger, die für die Richtigkeit des Inhalts zeichnen. Im Kapitel 2, »Zahlenanordnungen, Primzahlen und Kürzen«, heißt es:

> Zahlen können in bestimmten geometrischen Figuren angeordnet werden. Drei dieser bekannten Modellanordnungen sind: […]
>
> **Reckteckige Zahlen**
>
> Jede Zahl, die sich nicht in eine rechteckige Figur einordnen lässt, wird eine Primzahl genannt. Beispiele sind die 1, 2, 3, 5, 7, 11, 13.[56]

Danach werden in diesem Werk noch »Dreieckszahlen« und »Quadratzahlen« aufgeführt, auf die wir aber nicht weiter eingehen wollen. Mir kam es lediglich darauf an, für die Primzahlenzuordung eine mathematische Bestätigung zu erhalten, eine physikalische

---

[54] Hemme 2003, S. 31f.

[55] Brockhaus 2000, S. 718.

[56] Sackett o. J., S. 9.

wird später folgen. Die nachstehende Grafik veranschaulicht die zitierte ›Rechteck-Methode‹ zur Bestimmung der Primzahlen, die bereits im alten China herangezogen wurde:

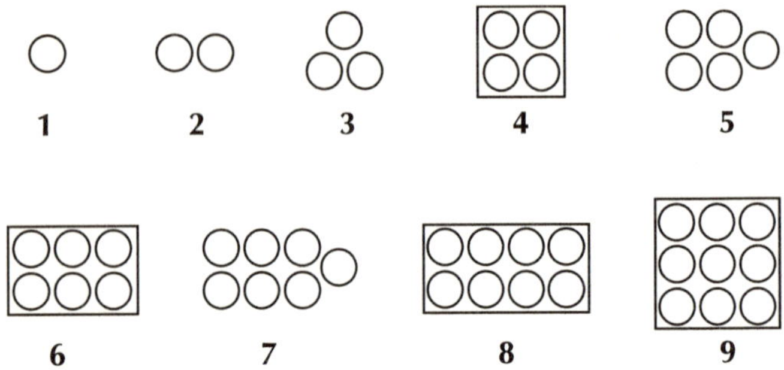

Abb.: Alle Zahlen, die nicht in ein Rechteck passen, sind Primzahlen. (Quelle: vgl. Sackett o. J., S. 9)

Ein weiterer Beweis dafür, dass die 1 eine Primzahl ist, ergibt sich aus der 6±1-Struktur der Primzahlen. Betrachten wir einmal dieses Zahlenband:

–1 0 1 2 3 4 5 6 7 8 9 10 11 12 13 usw.

Primzahlen sind stets in der Nähe einer 6er-Zahl zu entdecken (falls überhaupt Primzahlen vorhanden sind – bei höheren Zahlenwerten kommen sie seltener vor). Links und rechts der Zahl 6 finden wir die Primzahlen 5 und 7; die Zahl 12 hat die Primzahlen 11 und 13 als Nachbarn; die 18 ist von den Primzahlen 17 und 19 umgeben; neben der 24 steht auf der linken Seite die 23, die 25 rechts der 24 ist keine Primzahl, wenn auch aus zwei Primzahlen zusammengesetzt, nämlich 5 x 5; neben der 30 die Primzahlen 29 und 31 usw. Es ist keine Primzahl zu finden, die nicht neben einer 6er-Zahl steht (außer der 2 und der 3, aber die nehmen eine Sonderstellung ein). Die sechste Zahl vor der 6 ist die 0. Von der 0 aus nach links, im negativen Bereich, gilt das Gleiche bezüglich der 6er-Struktur: Links und rechts der Zahl –6 finden wir wieder dieselben Primzahlen wie auf der positiven Seite des Zahlenbandes, nur mit entgegengesetzten Vorzeichen, –5 und –7. Logischerweise müssen neben der 0 ebenfalls Primzahlen anzutreffen sein. Das ist auch so, –1 und +1 sind Primzahlen. Die 6 ist somit bezüglich des Auffindens von Primzahlen eine »Strukturzahl«, man kann auch sagen »Steuerzahl«, weil sie die Primzahlordnung steuert.

Von der Regel mit der 6er-Struktur bilden die 2 und die 3 eine Ausnahme. Es sind natürlich ebenfalls Primzahlen, denn sie erfüllen die Voraussetzungen, weil sie nur durch sich selbst und durch 1 teilbar sind. Diese beiden Zahlen haben (neben der 1) eine besondere Wertigkeit, wie ich eingangs schon erwähnte, darüber hinaus sind es Naturkonstanten: Durch die 2 werden die Stoßprozesse der Moleküle im gasgefüllten Raum (bzw. in der Luft) gesteuert, die 3 ist die Ausdehnungskonstante der elektromagnetischen Wellen.[57]

Wenden wir uns wieder der Wellentheorie zu, insbesondere den Schallwellen bzw. den Wellen, die durch Schall oder Wärme erzeugt werden, die Düfte transportieren usw. Diese Wellen basieren auf der Zahl/Primzahl/Naturkonstanten 2. Sie werden nach dem Muster des »Galtonbretts«[58] durch duale Stoßprozesse erzeugt und folgen dem mathematischen Aufbau des »Pascalschen Dreiecks« (benannt nach dem französischen Philosophen und Mathematiker Blaise Pascal, 1623 – 1662). Beim Betrachten dieser Dreiecksfigur stellen wir fest, dass die Summe der Wegkombinationen der stoßenden Gasmoleküle immer eine Potenz der Zahl 2 ist. Der Anstoß wird z. B. durch Schall, d. h durch einen Ton, ausgelöst, dann erfolgt der Weitertransport dieses Tons über das Muster dieser Dreiecksfigur. Wenn man wiederum die Reihe aller reziproken Zweierpotenzen addiert, nach der entsprechenden Vorgabe des

---

[57] Solche Ausnahmefälle finden wir auch in anderen Bereichen, sie stellen kein Argument dar, die 6er-Struktur-Regel in Zweifel zu ziehen. So gibt es im Periodensystem der Elemente 81 stabile Elemente, vom Element 1 (Wasserstoff) bis zum Element 83 (Wismut), wobei die Elemente 43 und 61 nicht stabil, sondern Zerfallelemente, also radioaktiv sind, sodass in der Elemente-Einteilung eine wirklich gravierende Unregelmäßigkeit auftritt. (Der Vollständigkeit halber sei noch erwähnt, dass alle anderen Elemente ab der Ordnungszahl 84 instabil sind.) Dennoch käme niemand auf den Gedanken, angesichts dieser Abweichung das Periodensystem in Frage zu stellen.

[58] Ein vom Naturforscher Francis Galton (1822 – 1911) entwickeltes mechanisches Modell, mit dem sich die Binomialverteilung (eine Wahrscheinlichkeitsverteilung bei einer Versuchsreihe mit zwei möglichen Ergebnissen) demonstrieren lässt.

Mathematikers und Universalgelehrten Gottfried Wilhelm Leibniz (1646–1716), so ergibt sich aus dieser unendlichen Reihe $1 + {}^{1}/_{2} + {}^{1}/_{4} + {}^{1}/_{8} + {}^{1}/_{16}$ + usw. diese Grundkonstante, die Zahl 2!

Hier ein solches Dreieck:

| 1 |

| 1 || 1 |

| 1 || 2 || 1 |

| 1 || 3 || 3 || 1 |

| 1 || 4 || 6 || 4 || 1 |

| 1 || 5 || 10 || 10 || 5 || 1 |

| 1 || 6 || 15 || 20 || 15 || 6 || 1 |

| 1 || 7 || 21 || 35 || 35 || 21 || 7 || 1 |

usw.

Die Reihensummen ergeben:

$$1 = 2^0$$
$$2 = 2^1$$
$$4 = 2^2$$
$$8 = 2^3$$
$$16 = 2^4$$
$$32 = 2^5$$
$$64 = 2^6$$
$$128 = 2^7$$
$$256 = 2^8$$

Wir wollen nun dieses Pascalsche Dreieck in ein gleichschenkliges Dreieck einbringen und erhalten bis zur achten Reihe, also bis zur 2^7, ein bestimmtes Muster, wenn wir alle ungeraden Zahlen schwärzen und alle geraden Zahlen weiß lassen oder umgekehrt!

(Quelle: Plichta 1999, S. 266)

Man kann jede Seite als Basisseite nehmen, das Dreieck also drehen, es ist von allen Seiten gleich anzuschauen. Dieses Muster setzt sich weiter fort, je größer die Zahlen werden. Bei der 16. Zeile angekommen, ist das weiße Dreieck in der Mitte doppelt so groß usw. Der Leser mag selbst einmal solch ein Dreieck aufzeichnen und zu dieser Feststellung gelangen. Sehr gut eignet sich für dieses Experiment ein Wabenmuster, d. h. Sechsecke.

64-zeiliges Dreieck (Quelle: Plichta 1999, S. 265)

Gemäß diesem Muster also verlaufen die Zweierstöße bzw. die Stoßprozesse im gasgefüllten Raum.

Mitunter haben wir es auch mit einer Kombination unterschiedlicher Wellenarten zu tun. Insekten kommunizieren über Schallfrequenzen miteinander, über Duftstoffe, sogenannte Pheromone (Sexuallockstoffe). Schmetterlinge und Falter verwenden als Verstärker ihrer Bemühungen eine elektromagnetische Laserkommunikation, welche von den Fühlern resonanzhaft aufgenommen wird. Durch die sich bei der Annäherung ständig ändernden Resonanzen – Frequenz und Wellenlängen verändern sich permanent – kann der Partner abschätzen, wann mit der freudigen Begegnung zu rechen ist. Damit sind wir wieder bei den elektromagnetischen Wellen angelangt.

Im Zusammenhang mit den Stoßprozessen im Pascalschen Dreieck sei noch auf ein Buch des Mathematikers Heinz-Otto Peitgen (* 1945) verwiesen: »Bausteine des Chaos«. Darin wird bestätigt, dass die Stoßprozesse im gasgefüllten Raum dem oben aufgezeigten Schema folgen. Mittels eines Chaos-Spiels wird demonstriert, wie Zufall deterministische Formen erzeugt. Für das Spiel benötigen wir ein gleichseitiges Dreieck mit den Eckpunkten 1, 2, und 3 sowie einen einfachen Würfel mit den Zahlen 1 bis 6. Da wir nur drei Zufallszahlen benötigen, zählen wir die 4 als 1, die 5 als 2 und die 6 als 3. Nun beginnt das Würfelspiel, von einem Punkt außerhalb des Dreiecks zunächst einmal in das Dreieck hinein. Man verbindet den Ausgangspunkt mit der Ecke, die der gewürfelten Zahl entspricht – am besten mit Bleistift und Lineal–, und markiert auf halber Länge der abgetragenen Strecke den nächsten Punkt; danach würfelt man wieder, visiert erneut die gewürfelte Ecke von dem zuletzt markierten Punkt mit einer geraden Linie an und kennzeichnet abermals auf halber Strecke den nächsten Punkt usw.

Zunächst entsteht ein Wirrwarr an Punkten, die scheinbar keinen Bezug zueinander haben. Nach 100 Spielzügen erscheint ein vages Bild, in dem schon der freibleibende große weiße Fleck in der Mitte auffällt, nach 500 Spielzügen ist das Pascalsche Dreieck bereits zu erahnen, nach 1000 Spielzügen klar zu erkennen. Je mehr Spielzüge gemacht werden, desto deutlicher wird es. Nach 10 000 Spielzügen ist das charakteristische Schwarzweiß-Muster in aller Deutlichkeit zu sehen.

Dies belegt, dass die Struktur der Zahlenabläufe im Pascalschen Dreieck, einem gleichseitigen oder 60°-winkligen Dreieck, von der Natur vorgegeben ist. Auf dieser Struktur wiederum basiert der Ablauf der Stoßprozesse im gasgefüllten Raum. Ein eindeutiger Beweis dafür, dass die Zahl 2 hier als Naturkonstante dient.

Bei der Untersuchung der linearen und dreieckigen Zahlenanordnung haben wir die Rolle der 1 und der 2 herausgestellt. Jetzt wollen wir zur kreisförmigen Anordnung übergehen und die Bedeutung der Zahl 3 hervorheben!

Die uns bekannte Zahlenanordnung auf dem Kreis ist die 12 bzw. die 24 – jede Zeiger-Uhr bestätigt das (das 24-Stunden-Zifferblatt ist heute nicht mehr gebräuchlich, man findet es aber noch auf alten Bahnhofsuhren). Beide Zahlen waren immer schon sehr bedeutsam: Es gibt ein 12er-Zahlensystem, denken wir auch an die Verwendung der Begriffe ein Dutzend (12 Stück) oder ein Gros (12 x 12, also 144 Stück). Die 12 steht für Vollkommenheit/Ganzheit, ebenfalls die 24. Der Tag hat in der Regel 24 Stunden. Die 4!, d. h. 4 Fakultät – also 1 x 2 x 3 x 4 –, ist gleich 24. Im alten Israel gab es 24 Priesterabteilungen, die turnusmäßig, also reihum, den priesterlichen Dienst verrichteten. Auch im alten Ägypten wurde die Zahl 24 verehrt.[59] Nebenbei: Die Anzahl der Aminosäuren beträgt auch 24.

Die kreisförmige, im Uhrzeigersinn verlaufende Zahlenfolge bis zur 24 ist die Grundlage unserer Betrachtung. Aus dieser Anordnung wird die Zahlenausdehnungskonstante für die elektromagnetische Welle abgeleitet, die sich in geschlossenen Kreisen, d. h. nicht spiralartig, ausdehnt.

Wir zeichnen zunächst die Zahlen 1 bis 24 kreisförmig auf – wie auf einer Uhr, also einem geschlossenen Ring. Dann addieren wir die Zahlen, mit der 1 beginnend.[60] Das Ergebnis ist 300. Anschließend zählen wir die Zahlen 24 bis 48 des zweiten Kreises oder, anders formuliert, der zweiten Schale zusammen, von der senkrecht oben stehenden Zahl, der 24, ausgehend. Wir erhalten den Wert 900. Bei den Kreisen/Schalen handelt es sich, wie gesagt, um geschlossene Zahlenringe, die letzte Zahl des ersten Kreises (24) wird als erste Zahl des zweiten Kreises erneut mitgezählt usw. Der dritte Zahlenkreis oder die dritte Schale von 48 bis 72 ergibt den Wert 1 500, beim vierten Zahlenkreis bzw. der vierten Schale kommt der Zahlenwert 2100 heraus.

Hier wird bereits ein bestimmtes System ablesbar. Betrachten wir zur Verdeutlichung folgende Skizze (Bild 6 bis 8). Ihr liegen die Überlegungen der Mathematiker Carl Friedrich Gauß (1777–1855) und Peter Gustav Dirichlet (1805–1859) bezüglich der Verteilung und Folge der Primzahlen innerhalb der natürlichen Zahlen zugrunde – sowie Plichtas »Primzahlkreuz«, eine schalenförmige Anordnung der natürlichen Zahlen, in der sich alle Primzahlen, mit der 1 beginnend, auf acht symmetrischen, ein Kreuz bildende Strahlen befinden.

---

[59] Ägypten war die erste Weltmacht der Geschichte und hatte in den Reihen der Priester auch Naturwissenschaftler, die ihre Erkenntnisse allerdings nur an bevorzugte Schüler, nicht an die Allgemeinheit weitergaben. Auch die Pythagoreer im antiken Griechenland bildeten eine exklusive Bruderschaft.

[60] Da wir es mit einem geschlossenen Kreis zu tun haben, müssten wir eigentlich mit der 0 beginnen; diese hat jedoch keinen Zählwert.

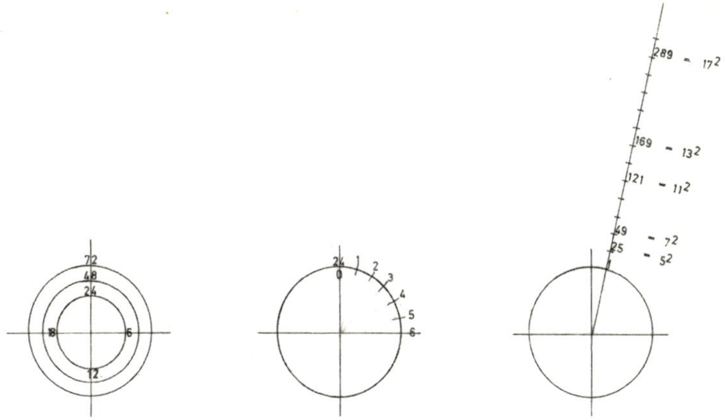

Bild 6, 7, und 8

Zu Bild 8: Auf dem Strahl oberhalb der 1 finden wir fortlaufend alle Quadrate der Primzahlen, nach der 17^2 die 19^2, dann die 23^2 usw. Somit muss auch die 1 hier als Quadratzahl stehen, d. h. die 1 der ersten Schale unter der $25 = 5^2$ muss $1 = 1^2$ geschrieben werden. Sie ist demzufolge wie alle anderen Primzahlen auf diesem Strahl als Wurzel des jeweiligen Quadratwertes ebenfalls eine Primzahl!

- Die 1. Schale ergibt 300 oder 3×10^2 oder $1 \times 3 \times 10^2$.
- Die 2. Schale ergibt 900 oder 9×10^2 oder $3 \times 3 \times 10^2$.
- Die 3. Schale ergibt 1500 oder 15×10^2 oder $5 \times 3 \times 10^2$.
- Die 4. Schale ergibt 2100 oder 21×10^2 oder $7 \times 3 \times 10^2$.

Wir erkennen das System, bei der zehnten Schale angekommen können wir notieren:

- Die 10. Schale ergibt 5700 oder 57×10^2 oder $19 \times 3 \times 10^2$.

Man kann auch die 3 nach vorne nehmen. Die Konstante 3 tritt am deutlichsten hervor, wenn wir die Zahlenwerte der einzelnen Kreise oder Schalen addieren. Der erste Kreis hat somit den Wert 300, die ersten 10 Kreise zusammengezählt:

$3 \times (1 + 3 + 5 + 7 + 9 + 11 + 13 + 15 + 17 + 19) \times 10^2$
$= 3 \times (100) \times 10^2$ oder 3×10^4.

Die Zahlenmenge der nächsten 10 Kreise besitzt den Gesamtwert von $3 \times 10^4 \times 100$, also 3×10^6, d. h. nach dem Durchlauf von 100 Kreisen oder Schalen, nach 1 000 Kreisen/Schalen 3×10^8, nach 10 000 Kreisen/Schalen 3×10^{10}.

Die 3 ist also die Zahlenausdehnungskonstante der elektromagnetischen Welle, somit muss die Lichtgeschwindigkeit auch gleich 3 sein! Die Ausdehnung erfolgt im Dezimal- oder Zehnersystem, in einem anderen System lässt sich dies nicht demonstrieren.

Da die Ausdehnung der elektromagnetischen Wellen endlos ist, die Wellenlängen sich nur bei Abnahme der Frequenzen verändern, die Geschwindigkeit aber immer die gleiche bleibt, kann eine derartige Figuration nicht als dreidimensional betrachtet werden. Die Ausbreitung der elektromagnetischen Welle ist vierdimensional. Zwei senkrecht zueinander- oder aufeinanderstehende und sich ausdehnende Flächen ergeben die Vierdimensionalität.

Diese Erkenntnis kann man auch ganz einfach aus der Einsteinschen Gleichung $E = mc^2$ ableiten. Formt man sie entsprechend um, wird erkennbar, dass die Naturkonstante 3 auch in dieser Formel enthalten ist, nämlich die 3 in der vierten Dimension.

Zunächst erörtern wir einmal, wie es zu der empirischen Zahl 299 792 458 m/s für die Lichtgeschwindigkeit gekommen ist und weshalb man nicht der glatten Zahl 3 den Vorzug gegeben hat.[61] Diese Zahl wurde durch Versuche ermittelt und – unter bestimmten Voraussetzungen – als Lichtgeschwindigkeit festgelegt. Die Voraussetzungen sind das (oder der) »Meter« und die »Sekunde« als Dimensionen, wobei zu beachten ist, dass die Dimensionen genauso wichtig sind wie der Zahlenwert.

a) Die Dimension »Meter«:

Jedes Kind lernt in der Schule, dass es ein Urmeter gibt, welches im Pariser Louvre liegt, eine Platin-Iridium-Legierung, die unter einer einheitlichen Temperatur gehalten wird, sodass sie fast keinen

---

[61] Auch der Mathematiker Alexander/Alexandre Grothendieck (*1928) hat darüber nachgesonnen; er kam zu dem Schluß, dass es das Werk des Teufels sein müsse.

»Ausdehnungsfaktor« oder »Ausdehnungskoeffizienten« besitzt. Dieses Urmeter wurde als der 10-millionste Teil eines Erdmeridianquadranten festgelegt und ist als Maßeinheit verbindlich. Aufgrund dieses relativwillkürlich genormten Längenmaßes hat man die Lichtgeschwindigkeit bestimmt.[62]

Bereits im Altertum hatte man Versuche unternommen, eine allgemein gültige Längenmaßeinheit zu finden. Der erwähnte Eratosthenes hatte im 3. Jahrhundert v. u. Z. durch seine Messungen über Winkelfunktionen bereits festgestellt, dass der Erdumfang ca. 40 000 km betragen muss. Er machte seine Angabe freilich nicht in Kilometern, denn damals wurde noch in »Stadien« gemessen; umgerechnet erhält man aber den angegebenen Wert. Wie üblicherweise alle Gelehrten hatte auch er sich mit der Geografie der Erde beschäftigt und Überlegungen bezüglich ihrer Größe angestellt. Er nahm eine ausreichend große Strecke ins Visier: die Distanz zwischen der oberägyptischen Stadt Syene und der Universitätsstadt Alexandria. Natürlich musste er vorausgesetzt haben, dass die Erde kugelförmig ist – dies erschien bereits seinen ›Vorgängern‹ logisch, Pythagoras (ca. 570–480 v. u. Z.), Platon (427–347 v. u. Z.) und Aristoteles (384–322 v. u. Z.).[63] Eratosthenes sah, dass zur Mittagsstunde die Sonne in Syene genau im Zenit stand – sie

[62] Diese Lichtgeschwindigkeit (299792458 m/s) wiederum liegt dem international gültigen SI-Meter zugrunde. Im seit 1969 auch für Deutschland verbindlichen »SI-System« (= Système International d'Unités), dem internationalen Einheitensystem für physikalische Einheiten, stellen Sekunde (s) und Meter (m) metrische Basiseinheiten dar. Sie sind dort wie folgt definiert: 1 Sekunde ist (seit 1967) nach 9 192 631 770 Schwingungen einer bestimmten Strahlung im Caesium-Atom vorüber, 1 Meter entspricht (seit 1983) der Länge der Strecke, die das Licht im Vakuum in der Zeit von $^{1}/_{299\,792\,458}$ Sekunden zurücklegt.

[63] Die Kugelgestalt der Erde konnte man bereits damals aus Alltagsbeobachtungen ableiten. Einige Beispiele: 1. Auslaufende Schiffe versanken, optisch natürlich, immer mehr im Wasser, je weiter sie sich von der Küste entfernten, bis man nur noch die Mastspitzen der Segler und zuletzt gar nichts mehr sah. 2. Beobachtete man die Meeressilhouette von einem breiten Strand aus, so erschien die Wasserlinie am Horizont kreis- oder kreissegmentförmig. 3. Je weiter man von Norden nach Süden wanderte, desto stetiger verschwanden die nördlichen Sternbilder und es tauchten im Süden neue auf oder umgekehrt. 4. Bei einer Mondfinsternis erschien der Erdschatten auf der Mondoberfläche stets als Kreisabschnitt. Nebenbei bemerkt spricht der Prophet Jesaja im 8. Jahrhundert v. u. Z. durch göttliche Inspiration vom »Erdenrund« (Jesaja 40:22) – eine Bestätigung der Kugelgestalt!

spiegelte sich in einem tiefen Brunnen auf der Wasseroberfläche. Zur selben Tageszeit warf die Sonne in Alexandria den Schatten eines Obelisken 7° 12′ auf den Erdboden. Bei einem Erdumfang von 360° im Verhältnis zu dem Winkel, den er gemessen hatte, musste die Strecke von Syene bis Alexandria genau $^{1}/_{50}$ des Erdumfangs sein. Die meisten Naturwissenschaftler bestätigen seine Messung auf umgerechnet 40 000 km. Unabhängig davon, welche Länge die Stadien damals hatten (es kursieren unterschiedliche Angaben) – geht man bei der Strecke Syene – Alexandria von 800 km aus, so kommt man auf 40 000 km für den Erdumfang, denn 800 x 50 ergibt 40 000.

Wenn man heute durch Satellitenmessungen den Erdumfang in Nord-Süd-Richtung auf 40 008 km oder den Erdmeridian auf 10 002 km festsetzt, muss berücksichtigt werden, dass die Erde durch die Erosion immer flacher und dieses Maß immer kleiner wird. Es ist überhaupt nicht möglich, die Länge des Erdmeridians genau festzulegen, weil die Erde ständig Veränderungen unterworfen ist. Wollte man die exakte Länge feststellen, müsste man nicht nur ständig nachmessen, sondern auch die Ableitung des Meters permanent korrigieren.

b) Die Dimension »Sekunde«:

Die Sekunde ist eine Zeiteinheit und somit von der Umdrehungszeit der Erde, d.h. von der Erdrotation, abgeleitet. Die Erde dreht sich in 24 Stunden einmal um sich selbst, die Umdrehungsquote ist also konstant. Erst im Jahr 2004 wurde diese Konstanz erneut bestätigt, von 2005 auf 2006 eine Sekunde nachreguliert.

Andererseits ist es auch hier selbstverständlich, dass die Rotationsgeschwindigkeit nicht völlig gleichbleibend sein kann, denn sie hängt von verschiedenen Faktoren ab. So können z.B. einzelne Erdbeben die Drehgeschwindigkeit der Erde erhöhen und die Tageslänge verkürzen, wie das Beben, das sich am 22. Mai 1960 in Chile ereignet hat: Es verkürzte die Tageslänge laut Aufzeichnungen des Goddard Space Flight Center in Greenbelt, USA, um 8,4-millionstel Sekunden. Auch der gegenteilige Effekt, eine Tagesverlängerung, ist möglich.

Langfristig trägt das Durchschütteln der Erdoberfläche dazu bei, dass sich die Massen in Richtung der Rotationsachse verlagern. Damit verringert sich das Trägheitsmoment der Erde, die Drehgeschwindigkeit wird erhöht und der Erdumfang vermindert (was wiederum auf das oben besprochene Meter eine Auswirkung hat). Die Gesamtauswirkung aller Erdbeben – von 1977 bis heute über 20 000 – ist jedoch marginal: Sie haben insgesamt die Tageslänge in dieser Zeit um ca. 4-millionstel Sekunden verkürzt. Der Bau der 90 größten Staudämme hat ungefähr doppelt so großen Einfluss auf die Erhöhung der Rotationsgeschwindigkeit und damit auf die Verkürzung der Tageslänge genommen. Durch das Anstauen von Wassermassen – auch in anderer Form – erfolgt eine entsprechende Verlagerung der Massenkräfte in Erdrotationsrichtung. Weitere Faktoren sind die Klimaveränderung durch die steigende Erderwärmung, der Mond-Einfluss und anderes mehr.

Der internationale Erdrotationsdienst (IERS) katalogisiert die Tageslängendaten und gibt entsprechende Anweisungen für das Einfügen einer Schaltsekunde. Ein Beispiel: Im Jahr 2003 und 2004 war keine Schaltsekunde erforderlich, weil der Tag nur 1 Millisekunde kürzer als 24 Stunden war. So gering sind in der Regel die Abweichungen. Im Großen und Ganzen herrschen sich ausgleichende Schwankungen. Der Tag hat 86 400 Sekunden; wenn wir, um bei dem Beispiel von 2003 zu bleiben, 1 Millisekunde abziehen, so ergibt sich immer noch eine Tageslänge von 86 399,999 Sekunden.

Auch wenn eine haargenaue Festlegung für die Tageslänge nicht erfolgen kann, ist die Sekunde als der 3600ste Teil der Stunde annehmbar. An der Zeiteinheit Sekunde gibt es also nichts auszusetzen, zumindest nichts mit dem Meter Vergleichbares; zumal es sich bei diesem Wert – der 3600ste Teil der Stunde – um eine besondere Zahl handelt, nämlich um das Produkt aus den Quadraten der pythagoreischen Zahlen 3, 4 und 5, denn $3^2 \times 4^2 \times 5^2$ ergibt 3600.

Der Verweis auf die Zahlenästhetik kommt nicht von ungefähr, wir finden sie in den verschiedenen Bereichen der Physik und Mathematik immer wieder vor! Kitty Ferguson, studierte Musikerin und Wissenschaftsjournalistin in den Bereichen Physik und Kosmologie, schreibt in ihrem Buch »Gott und die Gesetze des Universums« (1994), dass das Schöne in Mathematik und Physik sogar ein Qualitätskriterium ist.

> Der Mathematiker G. H. Hardy schrieb: »Die Gestaltungsmuster des Mathematikers müssen, ähnlich denen des Malers oder des Dichters, Schönheit aufweisen. Die Ideen müssen, wie die Farben oder die Worte, auf harmonische Weise zusammenpassen. Schönheit ist der erste Prüfstein.« Weinberg sagte: »Ich glaube, die Allgemeine Relativitätstheorie verdankt ihre allgemeine Anerkennung zu einem großen Teil ... ihrer Schönheit.« Der Physiker Murray Gell-Mann sieht darin eines der großen Geheimnisse: »Warum ist unser Sinn für das Schöne und die elegante Form ein solch brauchbares Mittel bei der Entscheidung, ob etwas gut oder schlecht ist?«[64]

Sie bemerkt weiter, Gespür beim Erkennen des Schönen sei das wesentliche Merkmal, welches einen großen Physik-Theoretiker ausmache. Schönheit zeichne sich hier, neben mathematischer Konsistenz, vor allem durch Einfachheit und Eleganz aus.

> Wir folgen den Richtlinien der Schönheit und der mathematischen Logik von Theorie zu Theorie, immer tiefer in die Geheimnisse des Universums hinein, in der Hoffnung, dass wir schließlich auf den Gedanken stoßen werden, der hinter allem steht und dessen Schönheit alles übertrifft, was uns bisher begegnet ist. Wissenschaftler wie John Wheeler glauben fest daran, dass es kein komplizierter Gedanke ist. Er wird in seiner Einfachheit unübertroffen sein. In dem Bemühen, diesen einfachen, schönen Gedanken aufzuspüren, vermischt sich in der Physik die Suche nach dem Wissen mit der Suche nach Gott. »Singe Gott ein einfaches Lied«, heißt es in der Messe von Leonard Bernstein, »denn Gott ist das Einfachste von allem.«[65]

Die ästhetische Seite von Mathematik oder Physik mag für viele vielleicht ungewohnt sein. Es bestehen aber nachweislich harmonische Zusammenhänge zwischen unterschiedlichen Wissensgebieten wie Mathematik, Physik, Astronomie und Musik. Der Mathematiker Marcus du Sautoy (* 1965) verweist in seinem Buch »Die Musik der Primzahlen« (2003) auf die Musiktheorie des Pythagoras, der im 6. Jahrhundert v. u. Z. die Tonharmonie auf Zahlenverhältnisse, d. h. auf harmonische Intervallproportionen, zurückführte:

---

[64] Ferguson 1995, S. 96. Fergusons Quellenangaben wurden im Zitat ausgelassen.
[65] Ebd., S. 99.

> Pythagoras hatte als Erster die grundlegende Beziehung zwischen der Mathematik und der Musik entdeckt. Er füllte eine Urne mit Wasser und schlug mit einem kleinen Hammer gegen die Urne, um einen Ton zu erzeugen. Entfernte er die Hälfte des Wassers und schlug nochmals gegen die Urne, war der Ton um eine Oktave höher. Entfernte er immer mehr Wasser aus der Urne, bis die Urne schließlich nur noch ein Drittel, dann ein Viertel etc. gefüllt war, erklangen die erzeugten Töne in Harmonie mit dem ursprünglichen Ton. Andere Töne, die bei irgendeiner anderen Wassermenge entstanden, klangen eher dissonant zum ursprünglichen Ton. Es gab also eine hörbare Schönheit, die mit diesen Brüchen in Beziehung stand. Die von Pythagoras in den Zahlen 1, $1/2$, $1/3$, $1/4$, ... entdeckte Harmonie ließ ihn glauben, das gesamte Universum sei von Musik bestimmt. Daher prägte er auch den Begriff der «Sphärenmusik».[66]

Halten wir fest, dass du Sautoy von »hörbarer Schönheit« spricht, die auf einer harmonischen Zahlenreihe aufgebaut ist. Mathematik lässt sich mitunter wie Musik oder Kunst allgemein erleben/genießen:

> G. H. Hardy schrieb, er sei »nur an der Mathematik als einer schöpferischen Kunst interessiert«. Selbst bei den Mathematikern in Napoleons Akademien beruhte die Begeisterung für die Mathematik nicht auf deren praktischen Anwendungen, sondern auf ihrer inneren Schönheit. Die ästhetische Erfahrung, die man beim Hören von Musik empfindet, hat viel gemein mit den Erfahrungen beim Umgang mit der Mathematik. Ein Musikstück kann man immer wieder anhören, und man entdeckt ständig neue Klänge und Resonanzen. Ebenso kann auch ein Mathematiker Freude daran finden, einen Beweis immer wieder durchzugehen und dabei neue Feinheiten zu entdecken, die das ganze Gebäude zusammenhalten. Hardy glaubte, der wahre Test für einen guten mathematischen Beweis liege darin, dass »die Ideen sich auf harmonische Weise zusammenfügen. Schönheit ist das oberste Gebot: Es gibt in der Welt keinen dauerhaften Platz für hässliche Mathematik.«[67]

Resümieren wir nach diesem Exkurs unsere Ergebnisse: Die Sekunde ist akzeptabel, nicht aber das Meter. Wenn wir von der theo-

---

[66] Du Sautoy 2006, S. 101.
[67] Ebd., S. 102.

retischen Ausdehnungskonstanten 3 ausgehen und diese auch für die Praxis anerkennen, dann muss die Länge des Meters geändert werden – auf eine Länge, die etwas kürzer als das Louvre-Meter ist, nämlich:

$$1 \text{ Meter}_{\text{(neu)}} = 2{,}997\,924\,58 : 3 = 0{,}999\,308\,19 \text{ Meter}_{\text{(Louvre)}}$$

Damit ist die Lichtgeschwindigkeit genau Faktor 3, d. h. 3 000 000 ... Nullen bis unendlich.

Schon Einstein hat immer mit der runden Zahl 3 gerechnet, er war auch ein Zahlenästhetiker. In der künftigen Physik wird mit der 3 als Naturkonstanten operiert werden müssen. Das ergibt sich auch logischerweise aus der Relativitätstheorie – Naturkonstanten sind unumstößlich –, sie erfordert ja die Zeitdiletation und die Längenänderung. Zum Beispiel: Je schneller der Michael mit seinem Ferrari fährt, desto langsamer geht seine Uhr, wenn auch nur um Bruchteile einer Sekunde. Ebenso schrumpft mit zunehmender Geschwindigkeit sein Auto in der Länge, d. h. zur Fahrtrichtung hin, und die Masse seines Ferrari wird immer größer.

Als wir über den Aufbau von Wellen sprachen, hatten wir festgestellt, dass es sehr lange Wellen mit niedrigen Schwingungszahlen/Frequenzen gibt, aber auch umgekehrt sehr kurze Wellen mit hohen Frequenzen. Die Naturkonstante 3 spielt hier immer die Schlüsselrolle. Über die 3 erfolgt die Ausdehnung der Wellen, je nach Strahlungsintensität mit mehr oder weniger schneller Folge der Zahlensummen, d. h. die 10er-Potenzen erscheinen mehr oder weniger schnell, aber immer mit dem vorgeschalteten Faktor 3!

Die Einstein-Gleichung gewinnt mit der eingesetzten 3 eine besondere Qualität. Wir erhalten bei entsprechender Umformung:

$$3^4 = \frac{E^2}{m^2 \times 10^{40}} \quad \frac{cm^4}{s^4} \qquad \left(c^2 = \frac{E}{m} \quad \text{oder} \quad c^4 = \frac{E^2}{m^2} \right)$$

Der Wert c erscheint in der vierten Dimension, woraus erkennbar ist, dass sich eine elektromagnetische Welle, entgegen der dreidimensionalen Natur von begrenzten Körpern, vierdimensional ausdehnt. Sie ist eine Kugelwelle, deren Ausdehnung in vier Richtungen bis unendlich (bzw. bis sie völlig abgeebbt ist) erfolgt.

Soviel zunächst zur Naturkonstanten 3 und ihrer physikalischen Bedeutung.

Bei der kreisförmigen 24er-Anordnung lässt sich noch eine interessante Feststellung machen: Die Zahlenwerte auf den jeweils nachfolgenden Kreisen oder Schalen sind immer um 24 größer als auf den vorangegangenen Kreisen. So liegt oberhalb der 24 die 48, darüber die 72, die 96 usw. Es entstehen Zahlenstrahlen, deren Wert sich über die 24 vergrößert. Auf dem Strahl über der 1 befinden sich die 25, die 49, die 73, die 97, die 121, die 145, die 169 usw. Wenn wir diesen Strahl weiter verfolgen, finden wir hier alle Quadrate der fortlaufenden Primzahlen, also nach der 1 die 5^2 (d. i. 25), 7^2 (d. i. 49), 11^2, 13^2, 17^2 usw. Dass die 1 in dieser Zahlenfolge erscheint, ist ein weiterer Beleg für ihre Zugehörigkeit zur Reihe der Primzahlen!

Die Zugehörigkeit der 1 zu den Primzahlen hat Einfluss auf die verschiedenen Zahlenreihen und Anordnungen. So ist derzeit, d. h. ohne die Primzahl 1, die Eleganz und Schönheit der »Goldbachschen Vermutung« durch den Ausschluss der 2 getrübt.[68] Lässt man die 1 als Primzahl gelten, gehört die 2 als Summe der Primzahlen 1 und 1 dazu. Dadurch wird die Goldbachsche Vermutung zu einem Theorem von vollkommener Harmonie!

Wir haben jetzt die Bedeutung der Zahlen 1, 2 und 3 erkannt: Alle drei sind Primzahlen, und zwar von besonderer Bedeutung, sowie Naturkonstanten! Die 4 besitzt ebenfalls einen hohen Stellenwert, denn über sie läuft die Ausdehnung der elektromagnetischen Welle im vierdimensionalen Raum (Kugelwelle).

Von der 3 als Naturkonstanten ist nunmehr abzuleiten, dass das neue Meter etwas kleiner als das Louvre-Meter sein muss, was die Veränderung aller abgeleiteten Dimensionen erforderlich macht – ein Kubikdezimeter wird etwa kleiner, d. h. ein Liter ist nicht mehr derselbe und so fort. Die Änderung hat Auswirkungen

[68] Sie geht auf den Mathematiker Christian Goldbach (1690 – 1764) zurück. Heute versteht man unter ihr die Annahme, dass jede gerade Zahl größer als 2 als Summe zweier Primzahlen geschrieben werden kann (binäre oder starke Goldbachsche Vermutung).

auf das ganze CGS-System, das absolute Maßsystem der theoretischen Physik.
1 Meter $_{(neu)}$ ist somit 2,997924 58 : 3 = 0,99930819 Meter $_{(Louvre)}$, 1 Kubikdezimeter, Liter oder Kilogramm nur noch $0{,}999\ 308\ 19^3$ des alten Werts, also 0,997 926 23 dm^3/l/kg! Ein Liter Wasser wiegt beispielsweise ca. 0,002 kg bzw. 2 g weniger als zuvor. Für die Praxis ist das wegen der geringen Differenz kaum relevant. Es geht aber um das Prinzip: Der 3 als Konstante für die Lichtgeschwindigkeit muss ihre Bedeutung und Wertigkeit zugestanden werden, andernfalls bleibt die Ableitung aus der Relativitätstheorie unberücksichtigt.

Zusammenfassend stellen wir noch einmal fest: Die Naturkonstante 3 ist eine feste Größe und daher unumstößlich! Insgesamt sind drei Faktoren zu beachten, 1. der Zahlenwert, 2. die Dimension Sekunde und 3. die Dimension Meter.

1. Der Zahlenwert ist 3×10^n.
2. Die Dimension Sekunde ist der 3600ste Teil der Stunde oder der 86 400ste Teil des Tages bzw. der Erdumdrehung pro Tag.
3. Das Meter ist etwas kleiner als bisher, es ist gleich 0,999 308 19 des Louvre-Meters.

Unter Beachtung des neuen Meters, das rund 0,7 mm kleiner als das Louvre-Meter ist, beträgt die Geschwindigkeit der elektromagnetischen Welle genau c = 300 000 km/s. Dies zieht eine notwendige Konsequenz nach sich: Die Relativitätstheorie und die Erkenntnis, dass die 3 als Naturkonstante beachtet werden muss, erfordern ganz eindeutig eine neue Physik! Folglich muss auch die Gravitationskonstante neu abgeleitet werden, und zwar in Abhängigkeit von der Konstanten c, der Lichtgeschwindigkeit bzw. der Ausdehnungsgeschwindigkeit der elektromagnetischen Welle.

Laut »Brockhaus«, Stichwort »Massenanziehung«, ist die Gravitationskonstante $G = 6{,}672 \times 10^{-11}$ oder $0{,}6672 \times 10^{-10}\ Nm^2\ kg^{-2}$.[69]

---

[69] Brockhaus 2000, S. 586.

Die Herleitung

$$\frac{m_1}{r} \times \frac{m_2}{r} \times G$$

ergibt die wirksame Massenanziehungskraft F; m_1 und m_2 sind die sich gegenseitig anziehenden Massen, z. B. die der Erde und des Mondes. Jeweils vom Mittelpunkt der Himmelskörper ausgehend wird der Radius r gemessen. Er steht logischerweise im Nenner des Bruchs, weil bei zunehmender Entfernung die Anziehungskraft kleiner werden muss, und zwar konstant. Der Abstand Erde – Mond ist derselbe wie der Abstand Mond – Erde, was man im Nenner zu r^2 zusammenfassen kann. Beide Massen haben einen vierdimensionalen Wirkungsraum um sich herum, der eine Ausbreitungskonstante für die wirkenden Wellen mit dem Faktor c, also 3, besitzt! Da eine Überlagerung der Geschwindigkeiten der Wellen, die von beiden Körpern ausgehen, nicht erfolgen kann, haben wir es mit einem halbzahligen Wert zu tun, $^c/_2$, d. h. $^3/_2$. Somit ergibt sich für die Gravitationskonstante der Wert:

$$G = {}^1/_{0,5 \times 3} = 0{,}666\,666\,666\,6 \ldots \text{ d. i. } 0{,}\overline{6}$$

Die Gravitationskonstante ist also $0{,}\overline{6}$ (sprich Null Komma 6 Periode), die Formel lautet demnach:

$$F = \frac{m_1 \times m_2}{r^2} \times 0{,}\overline{6}$$

Zum Vergleich: Im »Brockhaus« ist die noch gültige Gravitationskonstante aufgrund des Louvre-Meters (da mit einer Geschwindigkeit der elektromagnetischen Welle von 299 792 458 m/s gerechnet wird):

$$G = 0{,}667\,2 \text{ (aufgerundet)}$$

Folglich lautet die Formel zur Berechnung der Gravitationskraft dort:

$$F = \frac{m_1 \times m_2}{r^2} \times {}^{1}/_{0,5 \times 2,99792458}$$

oder

$$F = \frac{m_1 \times m_2}{r^2} \times 0,667\,2 \text{ (aufgerundet)}$$

Die Dimension ist jeweils 10^{-10} Nm^2kg^{-2}.

Das Ergebnis auf Grundlage der richtig abgeleiteten G-Konstanten, d.h. unter Berücksichtigung der Naturkonstanten 3 für die Geschwindigkeit der elektromagnetischen Welle (anstatt des derzeit noch gültigen Wertes 2,99792458), bestätigt auf wunderbare Weise die Kontinuität der Abnahme der Massenanziehungskraft bei zunehmender Entfernung über den periodischen Bruch 0,666 666 666 ... bis unendlich!

Empfindet es der Leser nicht auch erstaunlich, dass 1. die Dinge sich so verhalten, dass 2. dies den zahlreichen Naturwissenschaftlern noch nicht aufgefallen sein soll und dass 3. noch keine Konsequenzen aus dieser Erkenntnis gezogen wurden? Man ist versucht, den angeblichen Fachgrößen und Koryphäen wahlweise Blindheit oder Ignoranz vorzuwerfen.

8. Welche Konsequenzen sind zu ziehen?

Ehe wir abschließend zu einem tabellarisch aufgelisteten Vergleich der von den Wissenschaftlern momentan vertretenen Lehrmeinungen mit der in diesem Buch dargelegten Wirklichkeit kommen, möchte ich noch einige Gedanken hinzufügen.

Wir haben referiert, dass die Erde in ihrer Vergangenheit gewaltigen Einflüssen und Veränderungen durch die Begegnung mit anderen Himmelskörpern ausgesetzt war. Haben wir auch darüber nachgedacht, warum die Erde dabei nicht zerstört wurde? Angesichts der geschilderten Ereignisse ist diese Frage bestimmt berechtigt!

Veranschaulichen wir uns einmal den Einschlag eines Kometen, der etwa die Größe der Venus besitzt. Am 18. Juli 1994, viele mögen es auch im Fernsehen mitverfolgt haben, trat das Fragment G des Kometen Shoemaker-Levy in die Jupiteratmosphäre ein. Dieses Fragment G war das hellste der insgesamt 21 Bruchstücke des Kometen und somit wahrscheinlich auch das größte. Die Ursache für die Spur mit der Größe des oben angesprochenen Himmelskörpers, die das Fragment G hinterließ, war eine Explosion mit einer Wucht von 10 Millionen Megatonnen TNT! Im Laufe der fünf Tage, in denen die Bruchstücke niedergingen, wurde der Planet Jupiter der gewaltigen Energie von 100 Millionen Megatonnen TNT ausgesetzt. Diese ist vergleichbar mit dem Zehntausendfachen an Sprengkraft aller Atomwaffen der Erde, die während des Kalten Krieges einsatzbereit waren.

Ist es da nicht erstaunlich, dass die Erde die in diesem Buch geschilderten Begegnungen mit anderen Himmelskörpern, speziell mit der Venus, überlebt hat? Was oder wer mag das ermöglicht haben?

Wir haben auch erkannt, dass alles von Wellen getragen bzw. beeinflusst wird. Sogar räumlich getrennte Teilchen bilden ein und dasselbe physikalische System. In »Gott und die Wissenschaft« werden diesbezüglich zahlreiche Forschungsergebnisse und Erklärungsversuche angeführt. So zeigte z. B. der französische Physiker Alain Aspect (* 1947), dass zwischen zwei Photonen, d. h. zwei Lichtquanten, die sich in entgegengesetzten Richtungen voneinander entfernen, eine unerklärliche Korrelation (Wechselbeziehung) besteht. Jedesmal, wenn man die Polarität eines der beiden Photonen mit Hilfe eines Filters verändert, scheint das andere sofort wahrzunehmen, was mit seinem Gefährten passiert ist, und ändert augenblicklich ebenfalls die Polarität. Wie will man dieses Phänomen erklären? Der dänische Physiker Niels Bohr (1885–1962) sprach von der Unteilbarkeit des Wirkungsquantums. Aber das ist ja auch nur eine Bezeichnung oder Einordnung, wenn man so will, und erklärt nicht, auf welche Art und Weise die Teilchen miteinander Kontakt haben.

Denken wir an das Phänomen der Interferenzen, das Doppelspalt-Experiment: Woher weiß das einzelne Photon, welchen Spalt es passieren muss? Wieso entsteht hinter den Spalten, die das Licht passiert hat, ein Muster auf dem Schirm – ein wunderbar symmetrisches Muster, wie man es schöner nicht malen könnte? Wer hat da die Hand im Spiel?

Der Theologe und Naturwissenschaftler Pierre Teilhard de Chardin (1881–1955) ordnete dem ganzen Universum die Trägerschaft von Bewusstsein zu, und der amerikanische Physiker Evan Harris Walker (1936–2006) stellte fest: »Bewusstsein lässt sich allen Quantenphänomenen zuordnen...«[70]

Im Hinblick auf die Wirksamkeiten des Foucaultschen Pendels muss ebenfalls geschlussfolgert werden, dass eine Art Bewusstsein zwischen jedem Atom des Universums vorhanden ist, wobei Wellen die wesentliche Rolle spielen. Dem muss aber eine noch nicht definierte Kraft zugrunde liegen, eine Kraft, die ordnend wirkt und Bewusstsein besitzt! Es sei noch einmal daran erinnert, dass schon die alten Inder und Griechen an eine den gesamten Raum erfüllende, allem Stofflichen inhärente Substanz oder Energie glaubten. Die Frage ist: Was ist das für eine Kraft? Könnte es der Geist Gottes sein? Der Physiker Max Planck (1858–1947) jedenfalls war dieser Ansicht:

> Es gibt keine Materie an sich. Alle Materie entsteht und besteht nur durch eine Kraft, welche die Atomteilchen in Schwingung bringt und sie zum winzigsten Sonnensystem des Alls zusammenhält. Da es im ganzen Weltall aber weder eine intelligente Kraft noch eine ewige Kraft gibt – es ist der Menschheit nicht gelungen, das heißersehnte Perpetuum mobile zu erfinden –, so müssen wir hinter dieser Kraft

[70] Guitton / Bogdanov 1998, S. 114.

> einen bewußten intelligenten Geist annehmen. Dieser Geist ist der Urgrund aller Materie. Nicht die sichtbare, aber vergängliche Materie ist das Reale, Wahre, Wirkliche – denn die Materie bestünde ohne den Geist überhaupt nicht –, sondern der unsichtbare, unsterbliche Geist ist das Wahre! Da es aber Geist an sich ebenfalls nicht geben kann, sondern jeder Geist einem Wesen zugehört, müssen wir zwingend Geistwesen annehmen. Da aber auch Geistwesen nicht aus sich selber sein können, sondern geschaffen werden müssen, so scheue ich mich nicht, diesen geheimnisvollen Schöpfer ebenso zu benennen, wie ihn alle Kulturvölker der Erde früherer Jahrtausende genannt haben: Gott![71]

Auch die Biologie legt eine solche Folgerung nahe. Welche Kraft ordnet die Bildung der Zelle? Grichka Bogdanov äußert im Gespräch mit Jean Guitton über die Zelle:

> GRICHKA BOGDANOV: Nehmen wir einen konkreten Fall: Eine lebende Zelle besteht aus etwa zwanzig Aminosäuren, die eine enge »Kette« bilden. Die Funktion dieser Aminosäuren hängt ihrerseits von ungefähr 2000 spezifischen Enzymen ab. Danach berechnen die Biologen, dass die Wahrscheinlichkeit, dass etwa tausend verschiedene Enzyme sich auf geordnete Weise einander annähern und schließlich eine lebendige Zelle bilden (im Verlauf einer Evolution von mehreren Milliarden Jahren), von der Größenordnung 10^{1000} zu 1 ist.[72]

Den logischen Schluss aus dieser Aussage zieht Jean Guitton: »Das heißt, diese Chance ist gleich Null.«[73]

Wir sehen auch in diesem Bereich: Die Entstehungsgedanken, auf denen die Evolutionstheorie fußt, sind nicht haltbar. Es muss hier ebenfalls eine ordnende, Bewusstsein tragende Kraft unterstellt werden (siehe Psalm 104, Vers 29).

Auch die aufgezeigten Regeln und Zahlenordnungen der Mathematik, der ›Sprache der Naturwissenschaften‹, können kein vom Menschen erfundenes oder zufälliges System sein. Nehmen wir beispielsweise ein Pascalsches Dreieck: Allein das sich bis ins Unendliche ergebende Muster der geraden-ungeraden Zahlen ist

---

[71] Max Planck zit. n. Lönnig 2002.
[72] Guitton / Bogdanov 1998, S. 58.
[73] Ebd.

ein verblüffendes Phänomen. Oder die Primzahlenanordnung, die wir aus dem Ast über der 1 gefunden haben – sie ist so frappant regelmäßig in Bezug auf das Auffinden der Primzahlen (ebenfalls bis unendlich), dass wir über dieses großartige System der kreisförmigen Zahlenordnung nur staunen können.

In diesem Zusammenhang möchte ich noch einmal auf den Chemiker, Apotheker und Privatgelehrten Peter Plichta (* 1939) hinweisen. Wer seine Werke – »Das Primzahlkreuz« (1991/98), »Gottes geheime Formel« (1995) u. a. – noch nicht gelesen hat, sollte das tunlichst nachholen; in ihnen hat Plichta die oben ausgeführten mathematischen Erkenntnisse und vieles mehr herausgearbeitet.

Bahnbrechende Forschungsarbeit leistete auch der bereits erwähnte Gottfried Wilhelm Leibniz, der, unabhängig von Isaac Newton (1642–1727), die Differenzial- und Integralrechnung entdeckte und auch das binäre Zahlensystem herausfand. Zu letzterem, das auf den Zahlen 1 und 0 aufbaut, gelangte er über die Religion: Er setzte Gott mit 1 gleich, weil ohne Gott nichts ist, für das Nichts steht die 0. Das Dualsystem hat vor allem seit Entwicklung der Digitalrechner, die mit binären Ziffernfolgen arbeiten, enorme Bedeutsamkeit erlangt.

Nachdem wir jetzt einige entscheidende Sachverhalte in Betracht gezogen haben, steht eines mit Gewissheit fest: Das gegenwärtige Weltbild und die gegenwärtige Physik sind keineswegs haltbar! Wenn den zufallsgläubigen Naturwissenschaftlern nichts Überzeugenderes einfällt, werden sie nicht umhinkommen, die Existenz eines Schöpfers anzuerkennen.

Die nachstehende Tabelle stellt die wesentlichen Unterschiede zwischen dem derzeit anerkannten Weltbild und den tatsächlichen Gegebenheiten dar. Vieles ließe sich noch hinzufügen, der verwendete Stoff sollte aber bereits ausreichen, einmal darüber nachzusinnen, ob man nicht dem Glauben an die Schöpfung den Vorzug vor den angeführten wissenschaftlichen Entstehungstheorien geben sollte.

9. Tabellarischer Vergleich der Weltbilder

Lehrbereiche / Gegenwärtige Kathederlehre	Wahre Begebenheit bzw. Lehre
Derzeitiges Weltbild, Urknalltheorie: Das Universum hat sich innerhalb von Milliarden von Jahren aus einem winzig kleinen Urzustand – einer Singularität – heraus entwickelt.	Das Universum ist von Gott schrittweise innerhalb von Milliarden von Jahren erschaffen worden – schrittweise, weil es verschiedene Generationen von Sternen und Sternhaufen gibt. Die Vorbereitung der Erde für die Bewohnbarkeit liegt einige zehntausend Jahre zurück; es handelt sich um sechs Schöpfungstage von jeweils einigen tausend Jahren.
Die Himmelsmechanik stützt sich wie die Urknalltheorie auf Milliarden von Jahren ab.	Die Himmelsmechanik in ihrer heutigen Form besteht erst seit einigen tausend Jahren, zumindest was die derzeitigen Planetenbahnen von Erde, Venus und Mars sowie der dazugehörigen Monde anbelangt.
Entstehung der Arten, Evolutionstheorie	Siehe oben, Vorbereitung der Bewohnbarkeit der Erde durch den Schöpfer, gleich kurze Zeitspannen
Mathematik/Physik: Das Dezimalsystem ist von den Indern (es gibt auch andere Auffassungen) erfunden und von den Arabern nach Europa gebracht worden; die Zahl 1 ist keine Primzahl.	Das Dezimalsystem ist vom Schöpfer ersonnen und von den Menschen entdeckt, nicht erfunden worden, des Weiteren alle übrigen Zahlensysteme, einschließlich der 24er-Zahlenanordnungen, auch der 24-Stunden-Tag mit 60 Minuten pro Stunde und 60 Sekunden pro Minute. Die 1 ist eine Primzahl, wie sich aus der mathematischen Einordnung sowie aus der Physik ableiten lässt. Das Sieb des Eratosthenes ist ergänzungsbedürftig.

Die gegenwärtige Physik und das CGS-System bauen auf dem Louvre-Meter auf; demzufolge ist die Lichtgeschwindigkeit auf 299 792 458 m/s festgelegt.	Die gegenwärtige Physik ist falsch, weil sie auf nicht haltbaren Annahmen beruht. Die Naturkonstanten, vor allem die Zahl 3, finden keine Berücksichtigung. Die Lichtgeschwindigkeit bzw. die Geschwindigkeit der elektromagnetischen Welle muss genau Faktor 3 sein, wodurch sich die Gravitationskonstante und somit das CGS-System ändert, basierend auf einem neuen Meter (etwas kleiner als bislang).

Es handelt sich hier nur um einen Auszug der notwendigen Änderungen, die insbesondere im Bereich der Physik und der theoretischen Physik vorzunehmen sind!

10. Schlussbemerkungen

Mit einem Ausblick auf die Zukunft möchte ich meine Ausführungen gerne abrunden, ohne mich jedoch als Prophet betätigen zu wollen, denn das liegt mir fern.

Es ist bereits dargelegt worden, dass die Planetenbegegnungen der Erde mit biblischen Ereignissen in Verbindung stehen. Dies lässt die Vermutung zu, dass Gott/der Schöpfer die Kontusionen der Himmelskörper, bei denen die Erde beteiligt war, benutzt hat, um in menschliche Angelegenheiten einzugreifen, wenn es seinem Vorsatz diente: Während der Sintflut wurden gottlose Menschen vernichtet, gottesfürchtige dagegen gerettet – Noah und seine Familie (vgl. Genesis 7, 8). Beim Durchzug durchs Rote Meer ging das ägyptische Heer unter, gerettet wurde Gottes Volk (vgl. Exodus 14). Im Verlauf der Inbesitznahme des verheißenen Landes wurden die heidnischen, götzendienerischen Könige und ihre Heerscharen zu Fall gebracht, gerettet wurde Gottes Volk (vgl. Deuteronomium, Josua). In den Tagen Sanheribs starben bei der Belagerung Jerusalems die assyrischen Soldaten, 185 000 Mann in einer einzigen Nacht, gerettet wurde Gottes Volk (vgl. 2. Könige 19, Jesaja 37). Zerstört wurden die sittlich entarteten Städte Sodom und Gomorra (vgl. Genesis 19), zerschlagen wurde das Heer Siseras (vgl. Richter 4), gerettet wurden die Diener Gottes – alles während dieser Planetenbegegnungen!

Des Weiteren ist beachtenswert, dass es über eine lange Zeit hinweg eine vollkommene Himmelsmechanik gegeben hat, nämlich ein Jahr von 360 Tagen, Monate von 30 Tagen und Tage von 24 Stunden, alles besondere und ›glatte‹ Zahlen.

Wenn man die Perfektion betrachtet, mit der alles erschaffen wurde, z. B. in der Vererbung/biologischen Reproduktion, des Weiteren die Determinationen in Verbindung mit Naturkonstanten (auch mit den in diesem Buch nicht benannten), so kommt man zu dem Schluss, dass die derzeitige Himmelsmechanik nicht den auf Vollkommenheit basierenden Grundsätzen des Schöpfers entsprechen kann und somit eine nochmalige Veränderung notwendig macht. Ursache und Ablauf dieser Veränderung will ich hier nicht näher ausführen – es handelt sich um biblische Prophezeiungen, deren Erörterung den Rahmen unseres Themas sprengen würden.

Diese Veränderung wird – in Anlehnung an oben aufgezählte Begebenheiten – noch einmal dazu dienen, alles Ungute oder Böse von der Erde zu beseitigen. Beziehen wir uns auf die rund 25 Jahre alte, aber leider immer aktueller werdende Studie »Global 2000« (1980), die der ehemalige US-Präsident Jimmy Carter in Auftrag gegeben hatte und an der über 300 Wissenschaftler beteiligt waren. Darin werden eindeutig die Bedrängnisse aufgezeigt, die auf die Erde zukommen oder bereits eingetreten sind – bedingt durch die Unzulänglichkeit des Menschen bzw. seiner Herrschaft: die Ozonlöcher, das Abtauen der Polarkappen, somit das Versinken großer Landmassen im Meer, der Klimawandel, Unwetter, Überwärmung und Überdüngung der Meere und der Landflächen, die Mülllawine, Verstrahlung durch Atommüll, zunehmende Seuchen, Kriege, Verknappung des Trinkwassers, das Vordringen der Wüsten und vieles andere mehr.

Der Mensch ist mangels der entsprechenden Weisheit und Macht nicht in der Lage, diese Probleme in den Griff zu bekommen und sich die Erde (friedlich) untertan zu halten; er bedarf der Führung und Leitung des Schöpfers. Dem wird wohl heute niemand mehr widersprechen können!

Ich bin mir darüber im Klaren, dass nicht jeder meine Meinung und meine Schlussfolgerung teilen wird, aber für diejenigen, die gerne hinter die Kulissen der Weltbühne schauen und einen Ausweg aus dem Dilemma finden möchten, sollten meine Darlegungen eine Hilfe sein.

Ich bin mir ganz sicher, dass es eine zukünftige, vom Schöpfer herbeigeführte Weltordnung geben wird, in der er für diejenigen, die sich gerne seiner Herrschaft unterstellen, die Voraussetzung für ein Leben in Frieden und Sicherheit auf einem gereinigten und von aller Unbill befreiten Planeten Erde schaffen wird. Wenn der Mensch erkennt, dass er unter der Leitung des Schöpfers die bestmögliche Lebensqualität haben kann – so wie es zu Beginn der Menschheitsgeschichte vorgesehen war –, wird solch eine neue Weltordnung auch Bestand haben.

Bislang haben wir zwei Möglichkeiten gehabt, die Existenz eines Schöpfers mit den Eigenschaften »Macht«, »Gerechtigkeit«, »Weisheit« und »Liebe« sowie dessen Plan bezüglich der Erde zu erkennen: Zum einen durch das Betrachten seiner Schöpfungswerke (vgl. Römer 1:19, 20), zum anderen durch die Lektüre seines Wortes, der Bibel, welche selbst viele Beweise dafür beinhaltet, dass sie sein Wort sein muss – allein durch die Fülle der prophetischen Aussagen, deren Erfüllung ebenfalls in den biblischen Schriften enthalten ist (vgl. Johannes 17:17). Nun kommt ein dritter Beleg hinzu: Die in dieser Arbeit präsentierten wissenschaftlichen Fakten und Erkenntnisse weisen unmissverständlich auf die Existenz eines Schöpfers hin. Das gegenwärtige naturwissenschaftliche Weltbild und die gegenwärtige Physik sind nicht haltbar; sie bedürfen einer grundlegenden Erneuerung, welche sich auf die Vorgaben stützen muss, die u.a. in diesem Buch aufgezeigt sind!

Mögen meine Darlegungen dem Leser helfen, ebenfalls über diese Dinge nachzusinnen und einen persönlichen, bleibenden Nutzen daraus zu ziehen. Es ist durchaus möglich, den Sinn des Lebens zu erkennen ...

So wünsche ich jedem, der dieses Buch liest, alles Gute!

Literaturverzeichnis

Asimov, Isaak: *Wege und Irrwege der Naturwissenschaft* (1964). Düsseldorf, Wien: Econ 1969.

Bischof, Marco: *Biophotonen. Das Licht in unserem Körper* (1995). 11. Auflage. Frankfurt/M.: Zweitausendeins 2001.

Blech, Jörg: Glücklicher ohne Gott. In: *Der Spiegel* 60 (2006). H. 43. S. 188–190.

Du Sautoy, Marcus: *Die Musik der Primzahlen. Auf den Spuren des größten Rätsels der Mathematik* (2003). München: dtv 2006.

Einstein, Albert: *Grundzüge der Relativitätstheorie* (1922). 6. Auflage. Braunschweig, Wiesbaden: Vieweg 1990.

Emoto, Masaru: *Die Botschaft des Wassers*. Band 1 (1999). 2. Auflage. Burgrain: Koha 2002.

Ewe, Thorwald: Der Untergang der Neandertaler. In: *Bild der Wissenschaft* 42 (2005). H. 6. S. 16–32.

Ders.: Die ersten Menschen in Europa. In: *Bild der Wissenschaft* 40 (2003). H. 7. S. 26–43.

Ferguson, Kitty: *Gott und die Gesetze des Universums* (1994). Düsseldorf: Econ 1995.

Gartner, Bettina: Ötzi '06: Wie eine Mumie die Wissenschaft aufmischt. In: *Bild der Wissenschaft* 43 (2006). Heft 9. S. 70–76.

Global 2000. *Der Bericht an den Präsidenten* (1980). Hg. v. Council of Environmental Quality und dem US-Außenminister um. 10. Auflage. Frankfurt/M.: Zweitausendeins 1981.

Goethes Werke. Hamburger Ausgabe in 14 Bänden. Herausgege ben von Erich Trunz. Sonderausgabe. München: Beck 1998.

Grehn, Joachim / Joachim Krause (Hg.): *Metzler Physik*. 3. Auflage. Hannover: Schroedel 1998.

Guitton, Jean / Grichka und Igor Bogdanov: *Gott und die Wissenschaft. Auf dem Weg zum Meta-Realismus* (1991). 3. Auflage. München: dtv 1998.

Hawking, Stephen: *Das Universum in der Nußschale*. Hamburg: Hoffmann und Campe 2001.

Ders. / Leonard Mlodinow: *Die kürzeste Geschichte der Zeit*. Reinbek bei Hamburg: Rowohlt 2005.

Hemme, Heinrich: *Die Relativitätstheorie. Einstein – relativ einfach*. (1999). 5., unveränderte Auflage. Augsburg: Weltbild 2005.

Ders.: *Handbuch Mathematik*. Augsburg: Weltbild 2003.

Herrmann, Joachim: *DTV-Atlas Astronomie. Mit Sternatlas* (1973). 13., überarbeitete Auflage. München: dtv 1998.
Hoffmann, Banesh: *Einsteins Ideen. Das Relativitätsprinzip und seine historischen Wurzeln* (1983). Heidelberg, Berlin, Oxford: Spektrum 1997.
Hüther, Gerald: *Die Macht der inneren Bilder. Wie Visionen das Gehirn, den Menschen und die Welt verändern*. Göttingen: Vandenhoeck & Ruprecht 2004.
Klein, Stefan: *Alles Zufall. Die Kraft, die unser Leben bestimmt*. Reinbek bei Hamburg: Rowohlt 2004.
Kröning, Peter: *Auch Genies können irren... Glücksfälle und Fehlurteile der Wissenschaft*. München: Langen Müller 2003.
Lönnig, Wolf-Ekkehard: *Inwieweit sind die* »Entwürfe in Gottes Namen« von Urs Willmann *(DIE ZEIT 19/2003 vom 30.4.2003, Seite 29) ein Beispiel für seriösen Wissenschaftsjournalismus?* (2004). http://www.unser-auge.de/DieZEIT_analyse.html (4. Juni 2007)
Ders.: *Max Planck zum Thema Gott und Naturwissenschaft* (2002). http://www.weloennig.de/MaxPlanck.html (4. Juni 2007)
Morgenstern, Christian: *Werke und Briefe. Kommentierte Ausgabe. Band V. Aphorismen*. Stuttgart: Urachhaus 1987.
Neukamm, Martin / Andreas Beyer: *Wolf-Ekkehard Lönnig und die Affäre Max Planck. Über die fragwürdigen Diskursmethoden eines Evolutionsgegners* (2005). http://www.martin-neukamm.de/max-planck.html (4. Juni 2007)
Peitgen, Heinz-Otto / Hartmut Jürgens / Dietmar Saupe: *Bausteine des Chaos. Fraktale* (1991). Reinbek bei Hamburg: Rowohlt 1998 (= rororo Sachbuch 60250).
Plichta, Peter: *Gottes geheime Formel. Die Entschlüsselung des Welträtsels und der Primzahlencode* (1995). 3., erweiterte Auflage. München: Langen Müller 1999.
Robinson, Ian: Eine gewichtige Sache. Das Kilogramm – neu definiert. In: *Spektrum der Wissenschaft* 30 (2007). H. 6. S. 76–84.
Sackett, Dudley: *Die Macht der Zahl. Grundlagen der Mathematik*. Köln: Kurfürst o. J. [ca. 1976] (= Welt der Wissenschaft/Foundations of Science).

Schmidt, Heinrich (Begr.): *Philosophisches Wörterbuch* (1912). Neu bearbeitet von Georgi Schischkoff. 22. Auflage. Stuttgart: Kröner 1991 (= Kröners Taschenausgabe 13).
Scholl, Wolfgang / Rainer Drews: *Handbuch Mathematik* (1997). Niedernhausen/Ts.: Orbis 2001.
Schwägerl, Christian: Wir sind nicht reiner Zufall. Ein Gespräch mit dem Paläontologen Reinhold Leinfelder über Kreationismus.
In: *Frankfurter Allgemeine* vom 22. Dezember 2006. S. 40.
Trapp, Wolfgang: *Kleines Handbuch der Maße, Zahlen, Gewichte und der Zeitrechnung* (1992). Köln: Komet 1998.
Ulfig, Alexander: *Lexikon der philosophischen Begriffe* (1992). Erweiterte Neuausgabe. Wiesbaden: Fourier 1997.
Vaas, Rüdiger: Gott im Gehirn. In: *Bild der Wissenschaft* 42 (2005). H. 7. S. 28–45.
Ders.: »Kreationisten pervertieren die Wissenschaft«. Ulrich Kutschera zerpflückt die Argumente für ein »Intelligentes Design«. In: *Bild der Wissenschaft* 43 (2006). H. 3. S. 32–34.
Velikovsky, Immanuel: *Welten im Zusammenstoß* (1950). Frankfurt/M.: Umschau 1978.
Willmann, Urs: Entwürfe in Gottes Namen. In: *Die Zeit* vom 30. April 2003. S. 29.
»Wir treffen uns dann am Brunnen«. Von einem *Erwachet!* Mitarbeiter in Moldawien. In: *Erwachet!* vom 8. Nov. 2005, S. 26f.

Sowie:
Der Brockhaus in einem Band (1983). 9., vollständig überarbeitete und aktualisierte Auflage. Leipzig: F. A. Brockhaus 2000.
Die Bibel. *Altes und Neues Testament*. Einheitsübersetzung. Freiburg, Basel, Wien: Herder 1999.

Notizen